1 Spure nach.

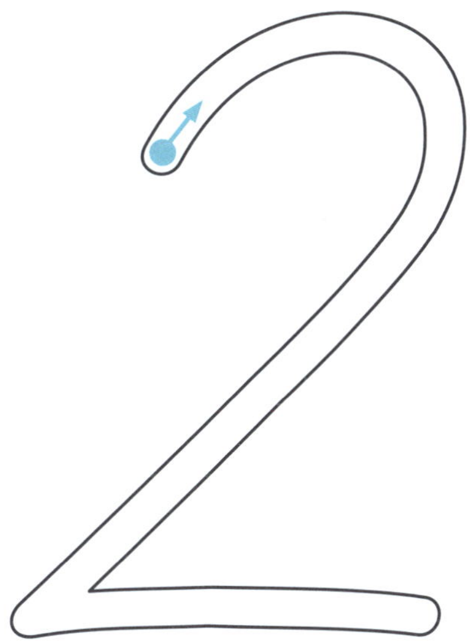

2 Schreibe.

1 Spure nach.

2 Schreibe.

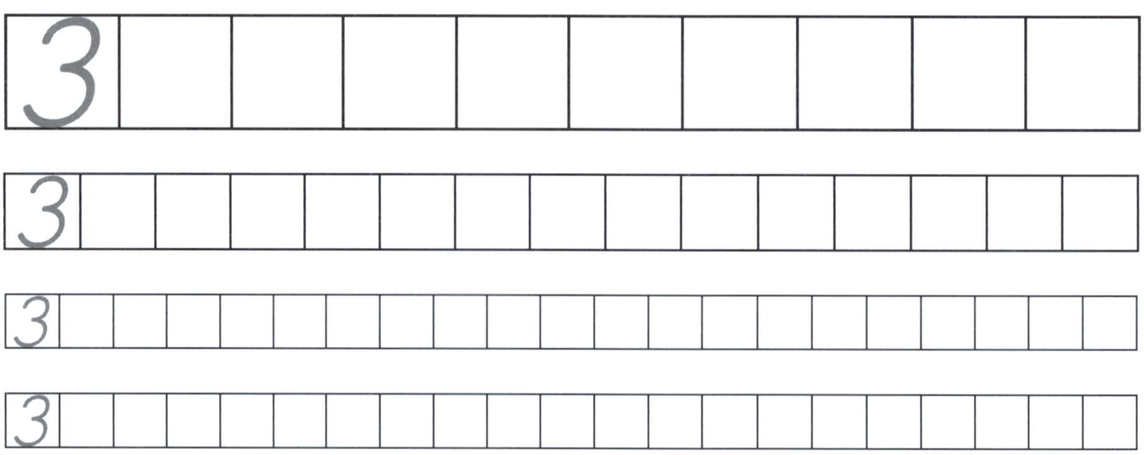

1 Spure nach.

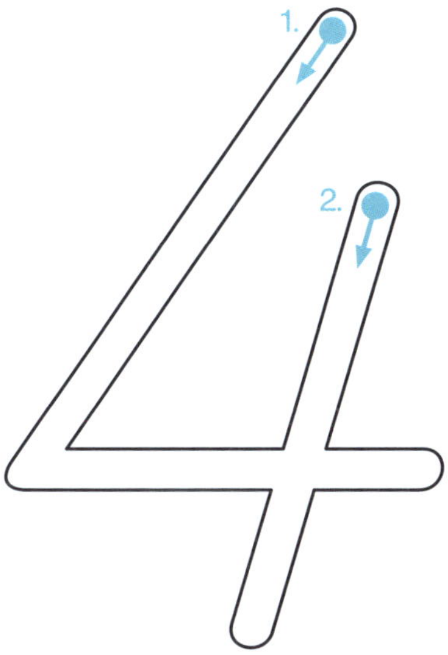

2 Schreibe.

4									

4														

4																				

4																				

1 Spure nach.

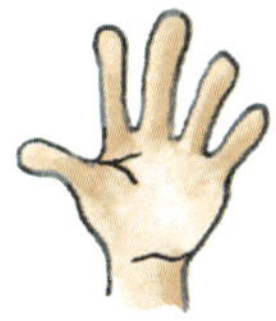

2 Schreibe.

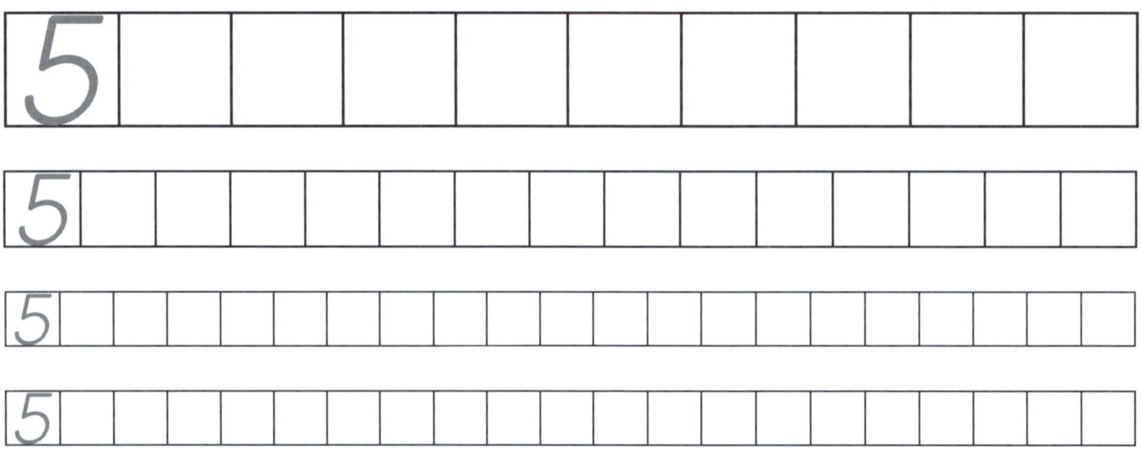

1 Spure nach.

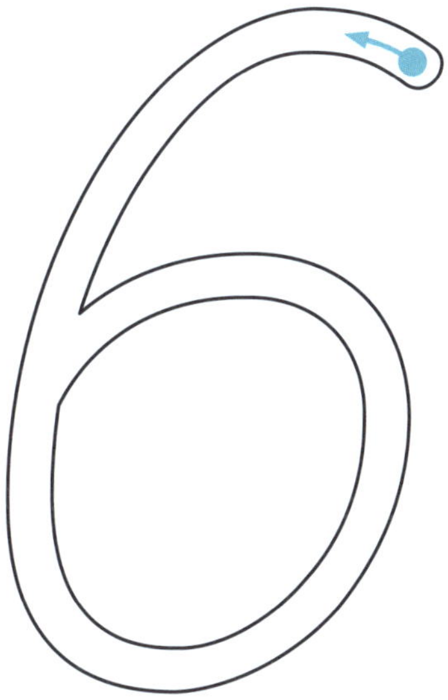

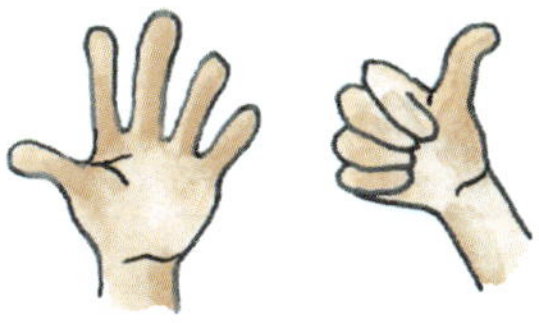

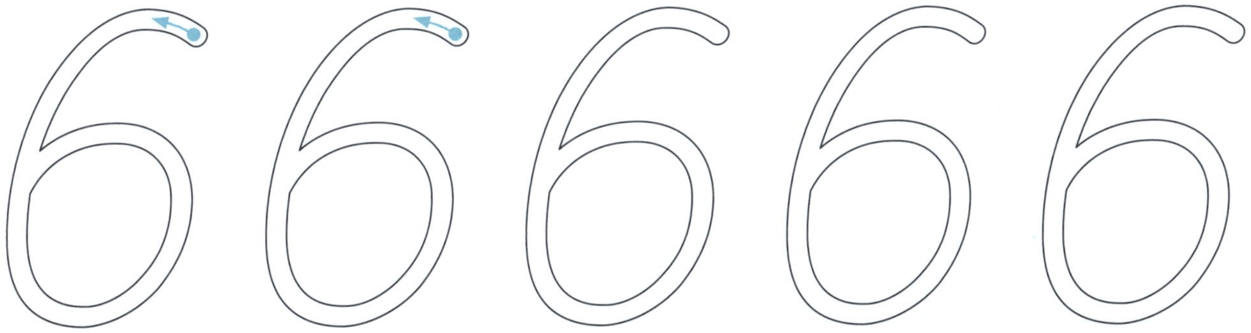

2 Schreibe.

6

6

6

6

Ziffer 7 schreiben

1 Spure nach.

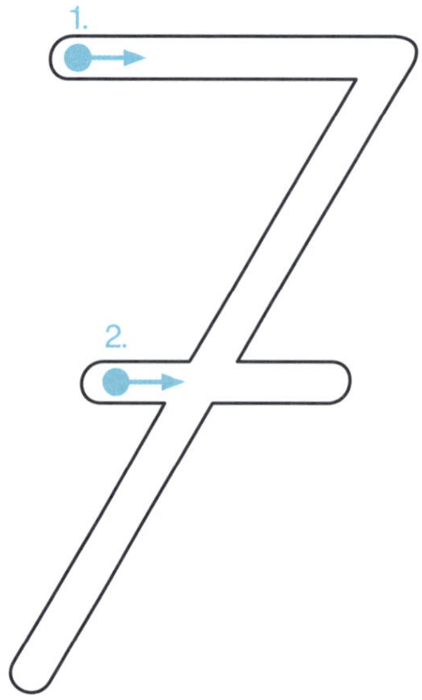

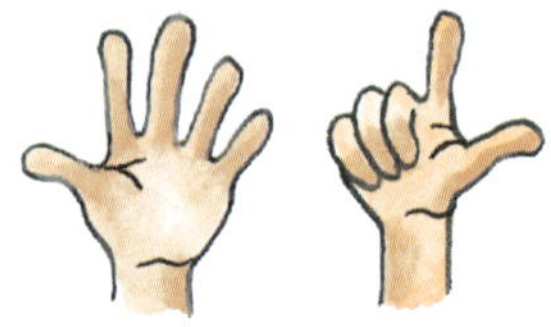

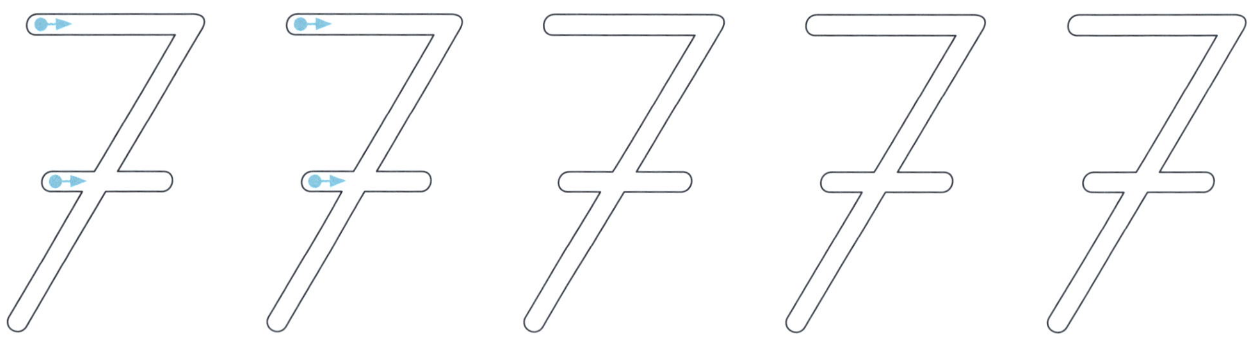

2 Schreibe.

1 Spure nach.

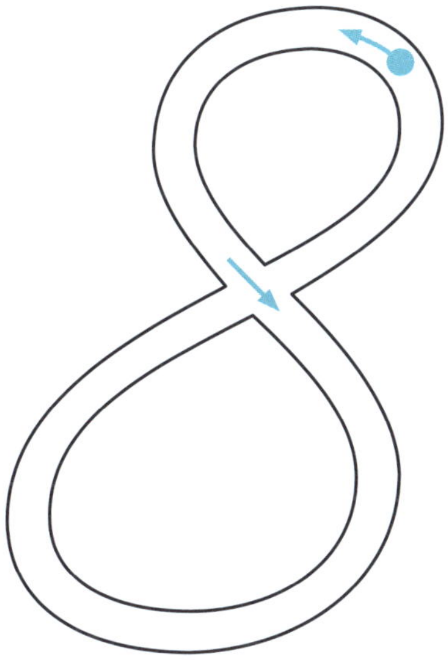

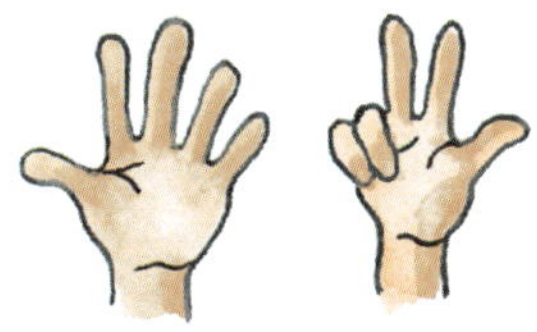

2 Schreibe.

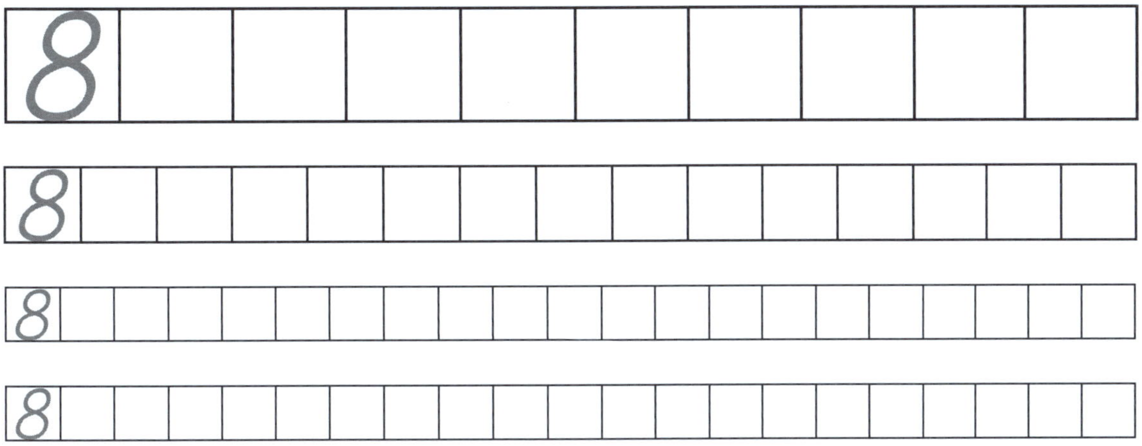

1 Spure nach.

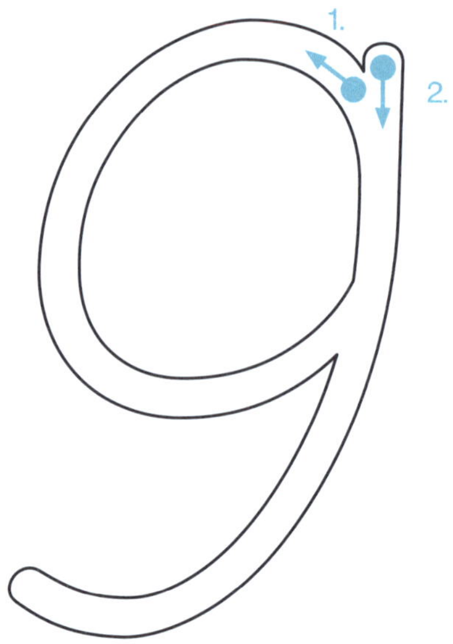

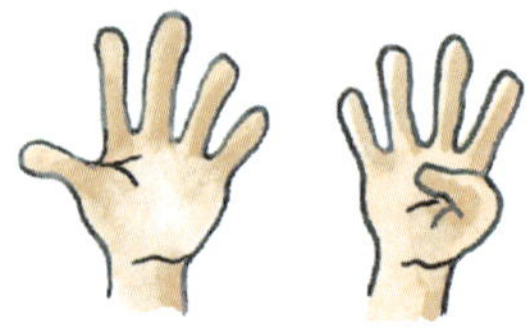

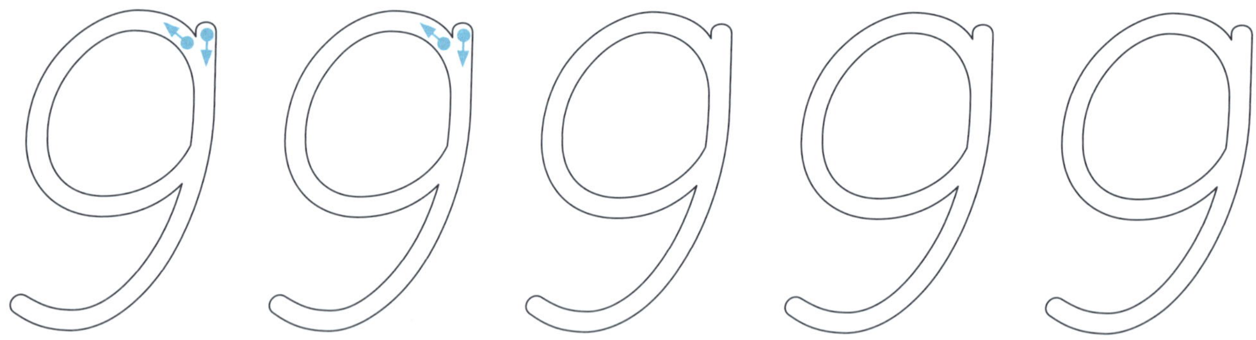

2 Schreibe.

1 Spure nach.

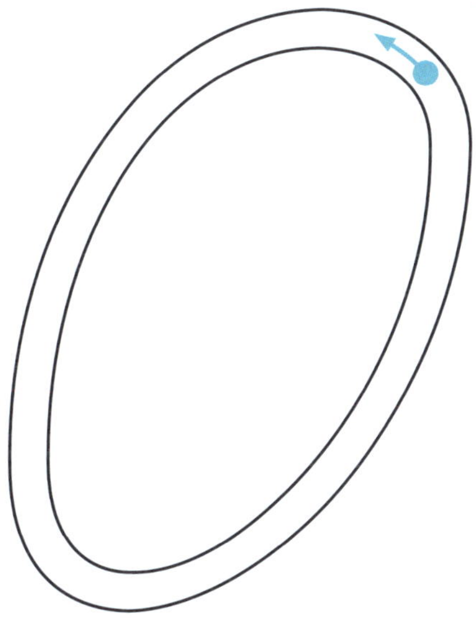

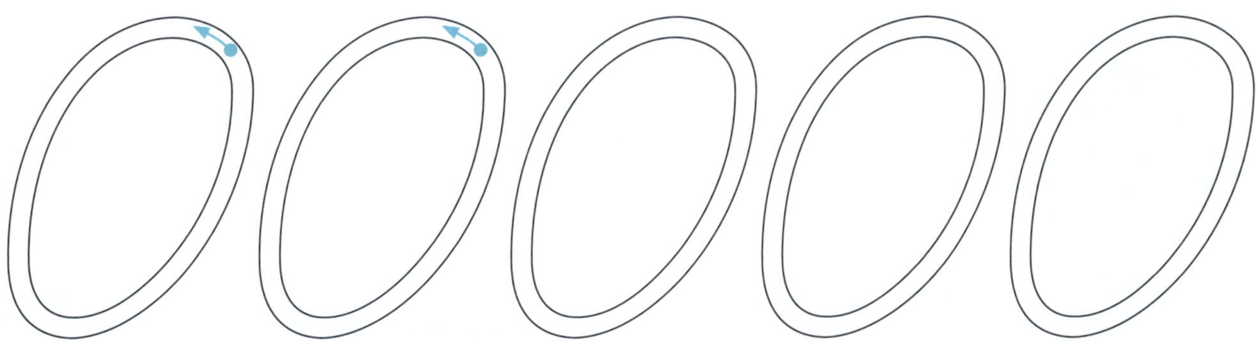

2 Schreibe.

0									

0														

0																				

0																				

Kreise die Zahlen ein.

1 2 3 4 5 6

Kreise die Zahlen ein.

5 6 7 8 9 10

Mehr oder weniger?

Was ist mehr? Kreuze an.

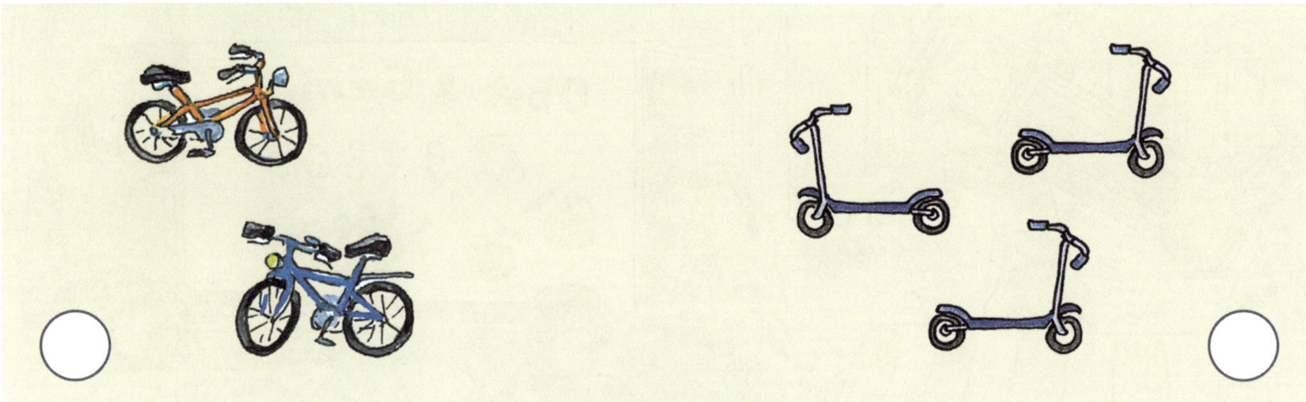

Was ist mehr? Kreuze an.

R G H
A K J
X P O

4 8
7 3
5

1 Welche Zahl passt? Verbinde.

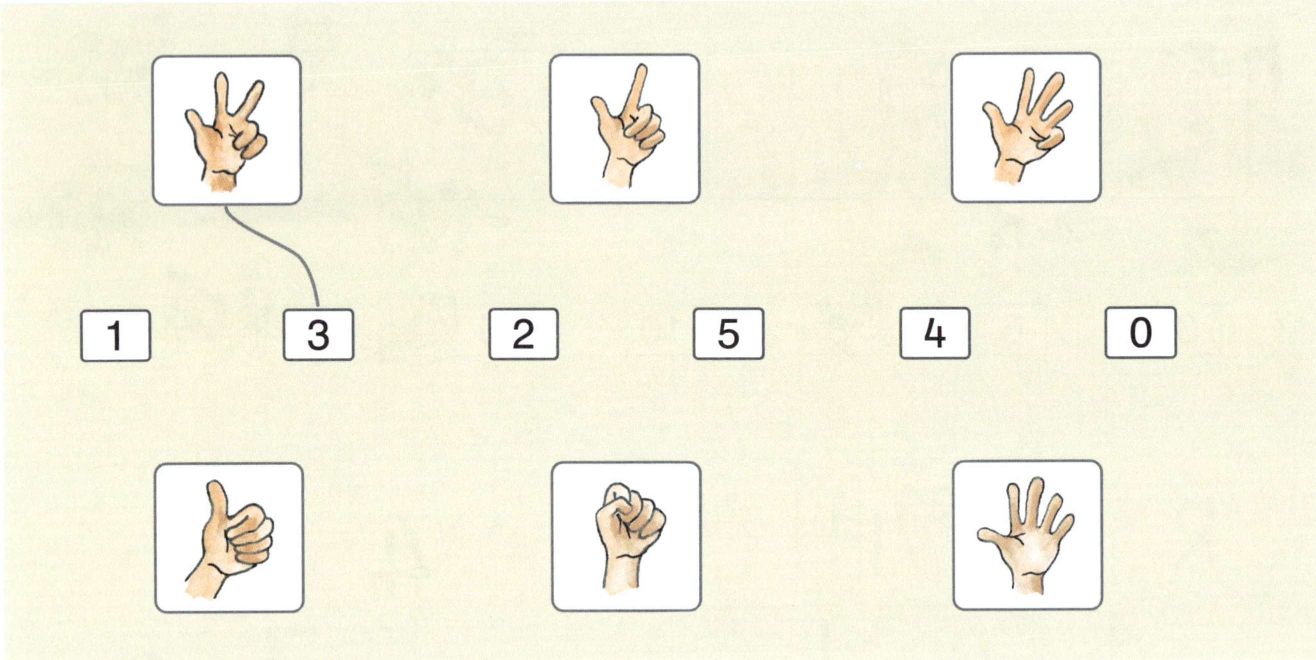

2 Schreibe.

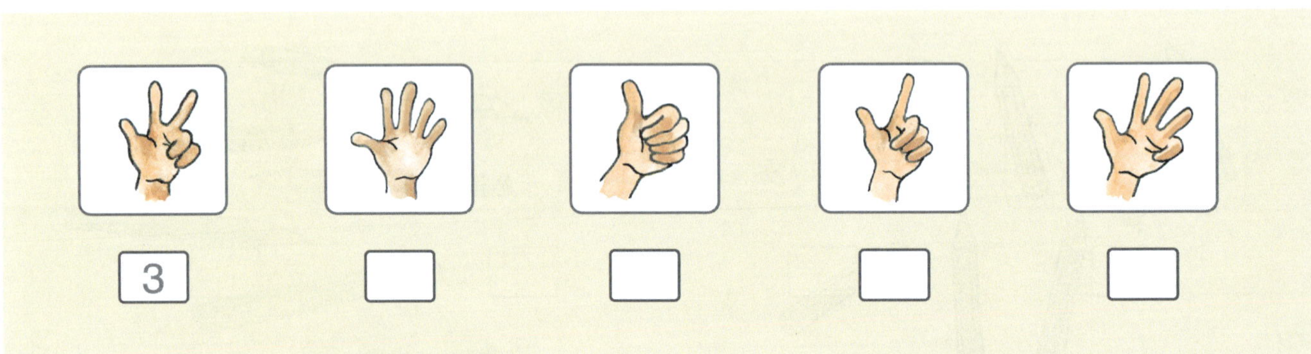

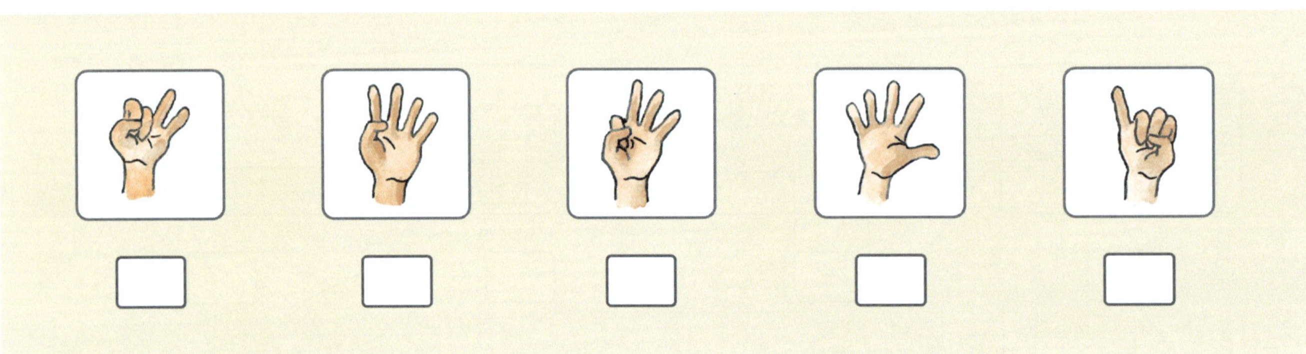

1 Welche Zahl passt? Verbinde.

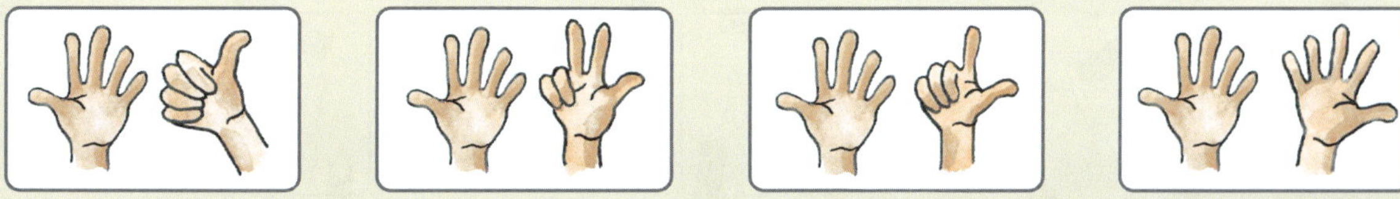

3 6 8 10 5 7 9

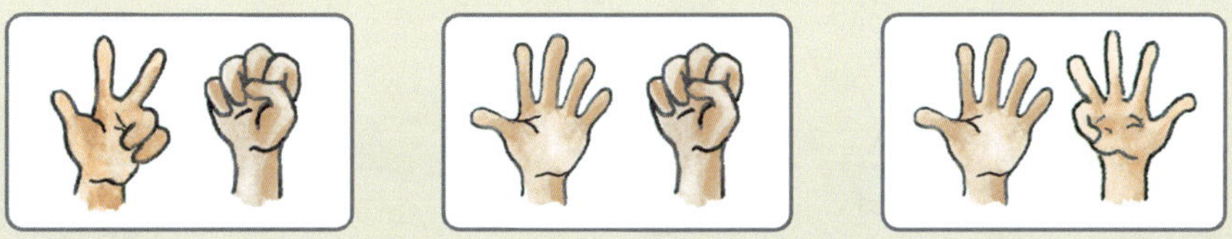

2 Schreibe.

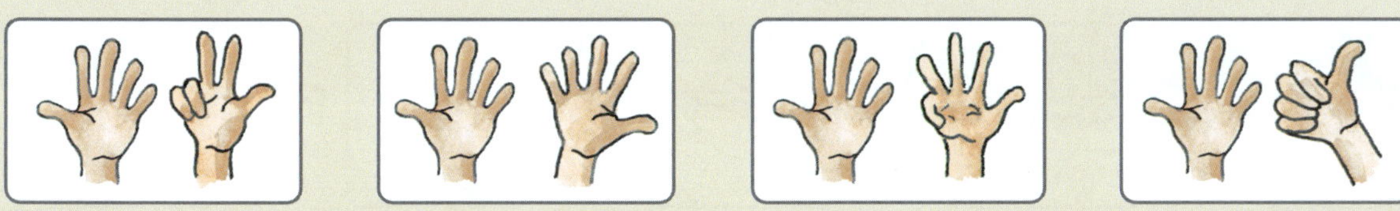

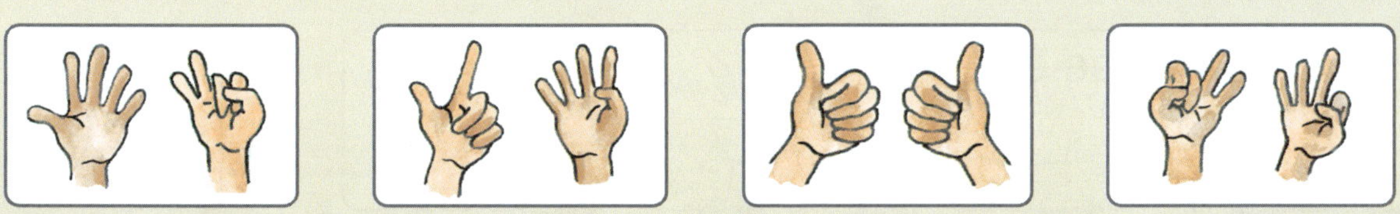

Mengen zu 2, 3 und 4 bündeln

1 Immer 2. Kreise ein.

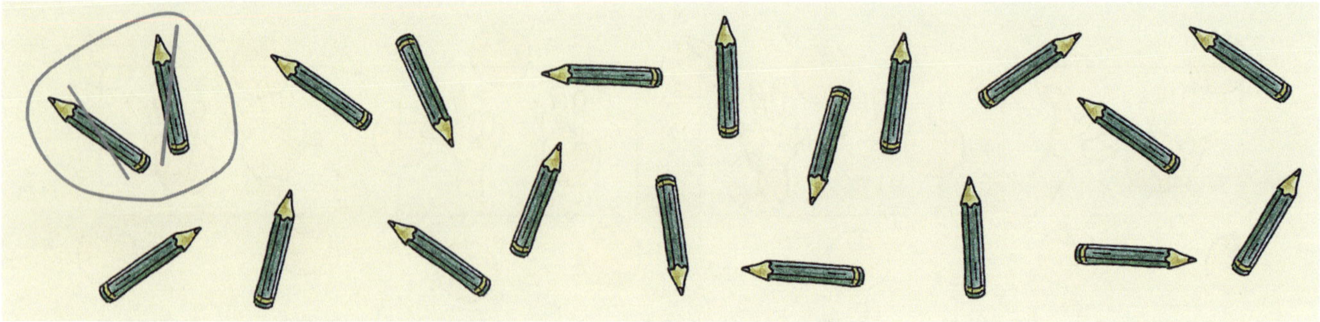

2 Immer 3. Kreise ein.

3 Immer 4. Kreise ein.

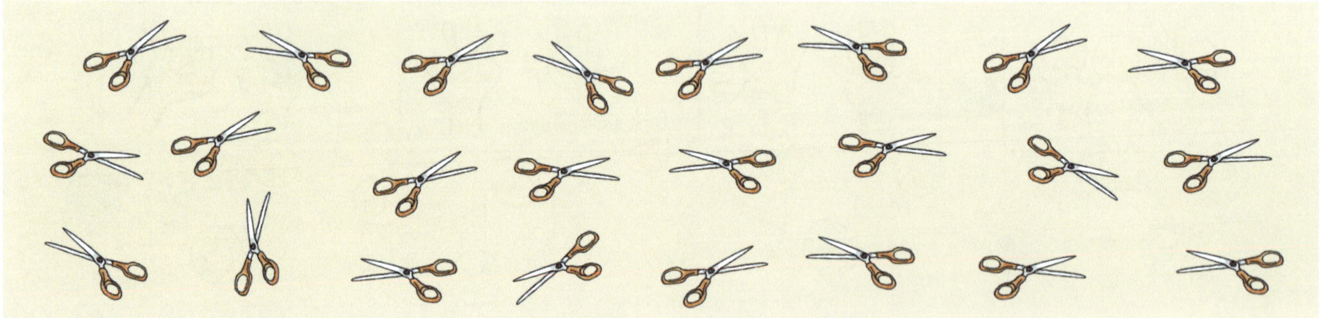

4 Immer 4. Kreise ein.

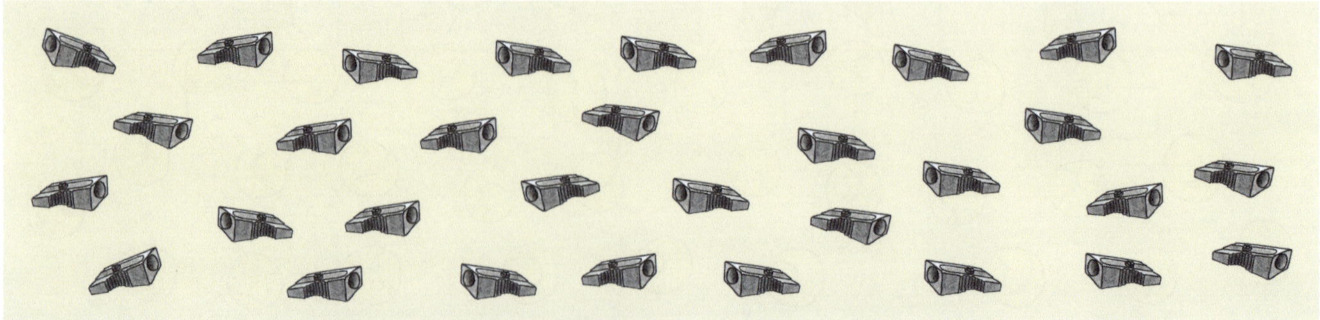

Mengen zu 5 und 6 bündeln

1 Immer 5. Kreise ein.

2 Immer 5. Kreise ein.

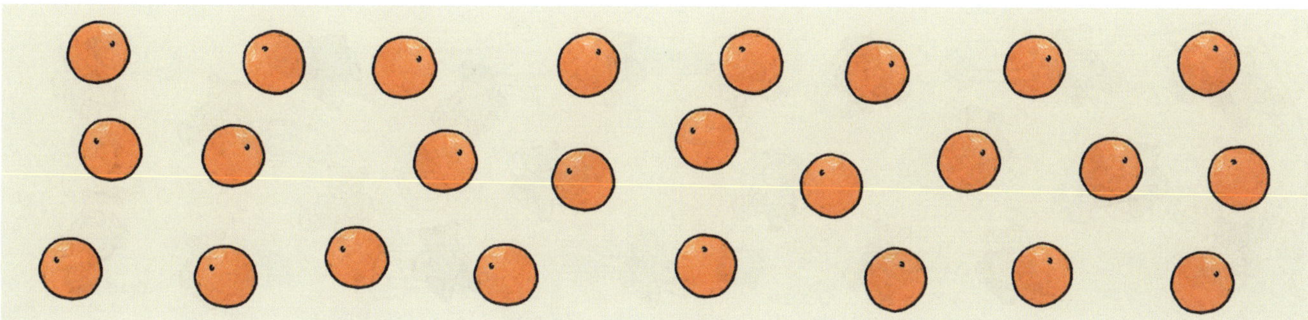

3 Immer 6. Kreise ein.

4 Immer 6. Kreise ein.

Mengen zu 7 und 8 bündeln

1 Immer 7. Kreise ein.

2 Immer 7. Kreise ein.

3 Immer 8. Kreise ein.

4 Immer 8. Kreise ein.

Mengen zu 9 und 10 bündeln

1 Immer 9. Kreise ein.

2 Immer 9. Kreise ein.

3 Immer 10. Kreise ein.

4 Immer 10. Kreise ein.

1 Wie viele? Male an.

2 Wie viele? Male an.

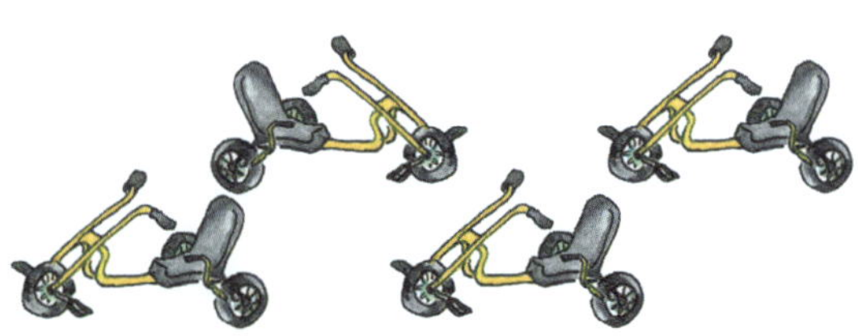

Zahlen bis 10

* Welche Zahlen kennst du? Male an.

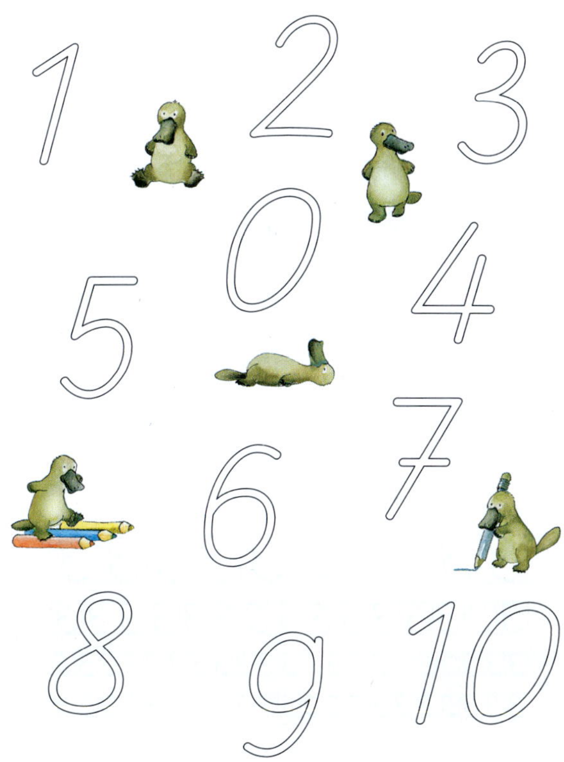

*individuelle Lösung

Ziffer 1 schreiben

1 Spure nach.

2 Schreibe.

1 1 1 1 1 1 1 1 1 1

1 1 1 1 1 1 1 1 1 1 1 1 1 1 1

1 1 1 1 1 1 1 1 1 1 1 1 1 1 1 1 1 1 1 1 1

1 1 1 1 1 1 1 1 1 1 1 1 1 1 1 1 1 1 1 1 1

Ziffer 2 schreiben

1 Spure nach.

2 Schreibe.

2 2 2 2 2 2 2 2 2 2

2 2 2 2 2 2 2 2 2 2 2 2 2 2 2

2 2 2 2 2 2 2 2 2 2 2 2 2 2 2 2 2 2 2 2 2

2 2 2 2 2 2 2 2 2 2 2 2 2 2 2 2 2 2 2 2 2

Ziffer 3 schreiben

1 Spure nach.

3

3 3 3 3 3

2 Schreibe.

3 3 3 3 3 3 3 3 3 3

3 3 3 3 3 3 3 3 3 3 3 3 3 3 3

3 3 3 3 3 3 3 3 3 3 3 3 3 3 3 3 3 3 3 3 3

3 3 3 3 3 3 3 3 3 3 3 3 3 3 3 3 3 3 3 3 3

Ziffer 4 schreiben

1 Spure nach.

1. 2.

4

4 4 4 4 4

2 Schreibe.

4 4 4 4 4 4 4 4 4 4

4 4 4 4 4 4 4 4 4 4 4 4 4 4 4

4 4 4 4 4 4 4 4 4 4 4 4 4 4 4 4 4 4 4 4 4

4 4 4 4 4 4 4 4 4 4 4 4 4 4 4 4 4 4 4 4 4

Ziffer 5 schreiben

1 Spure nach.

1. 2.

5

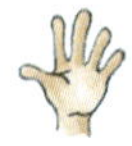

5 5 5 5 5

2 Schreibe.

5 5 5 5 5 5 5 5 5 5

5 5 5 5 5 5 5 5 5 5 5 5 5 5 5

5 5 5 5 5 5 5 5 5 5 5 5 5 5 5 5 5 5 5 5 5

5 5 5 5 5 5 5 5 5 5 5 5 5 5 5 5 5 5 5 5 5

Ziffer 6 schreiben

1 Spure nach.

6

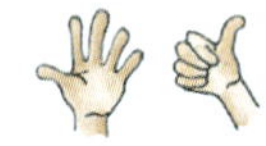

6 6 6 6 6

2 Schreibe.

6 6 6 6 6 6 6 6 6 6

6 6 6 6 6 6 6 6 6 6 6 6 6 6 6

6 6 6 6 6 6 6 6 6 6 6 6 6 6 6 6 6 6 6 6 6

6 6 6 6 6 6 6 6 6 6 6 6 6 6 6 6 6 6 6 6 6

Ziffer 7 schreiben

1 Spure nach.

7 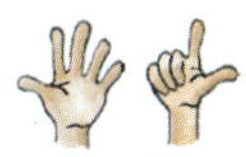

7 7 7 7 7

2 Schreibe.

7 7 7 7 7 7 7 7 7 7

7 7 7 7 7 7 7 7 7 7 7 7 7 7 7

7 7 7 7 7 7 7 7 7 7 7 7 7 7 7 7 7 7 7 7

7 7 7 7 7 7 7 7 7 7 7 7 7 7 7 7 7 7 7 7

Ziffer 8 schreiben

1 Spure nach.

8 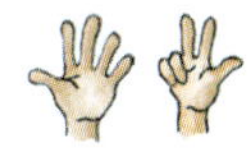

8 8 8 8 8

2 Schreibe.

8 8 8 8 8 8 8 8 8 8

8 8 8 8 8 8 8 8 8 8 8 8 8 8 8

8 8 8 8 8 8 8 8 8 8 8 8 8 8 8 8 8 8 8 8

8 8 8 8 8 8 8 8 8 8 8 8 8 8 8 8 8 8 8 8

Ziffer 9 schreiben

1 Spure nach.

9 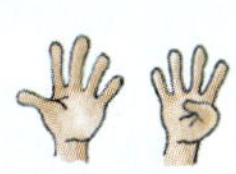

9 9 9 9 9

2 Schreibe.

9 9 9 9 9 9 9 9 9 9

9 9 9 9 9 9 9 9 9 9 9 9 9 9 9

9 9 9 9 9 9 9 9 9 9 9 9 9 9 9 9 9 9 9 9

9 9 9 9 9 9 9 9 9 9 9 9 9 9 9 9 9 9 9 9

Ziffer 0 schreiben

1 Spure nach.

0 

0 0 0 0 0

2 Schreibe.

0 0 0 0 0 0 0 0 0 0

0 0 0 0 0 0 0 0 0 0 0 0 0 0 0

0 0 0 0 0 0 0 0 0 0 0 0 0 0 0 0 0 0 0 0

0 0 0 0 0 0 0 0 0 0 0 0 0 0 0 0 0 0 0 0

Zahlen bis 6 in der Umwelt

Kreise die Zahlen ein.

1 2 3 4 5 6

Zahlen bis 10 in der Umwelt

Kreise die Zahlen ein.

5 6 7 8 9 10

Mehr oder weniger?

Was ist mehr? Kreuze an.

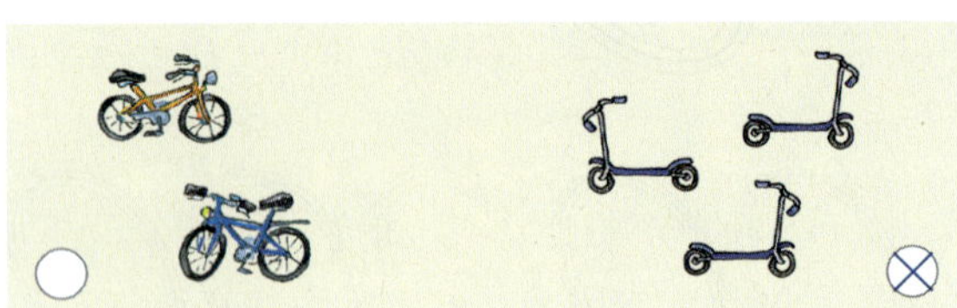

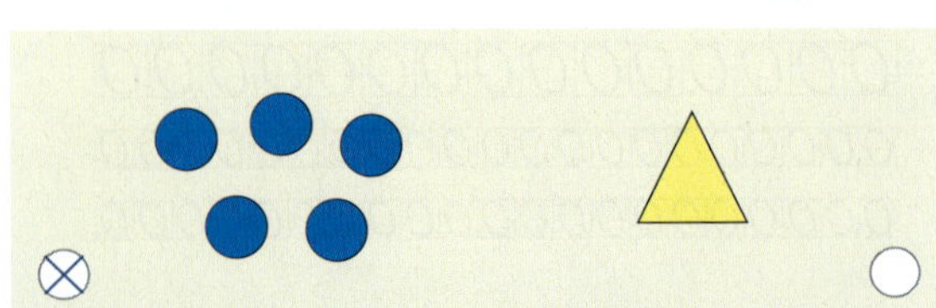

Mehr oder weniger?

Was ist mehr? Kreuze an.

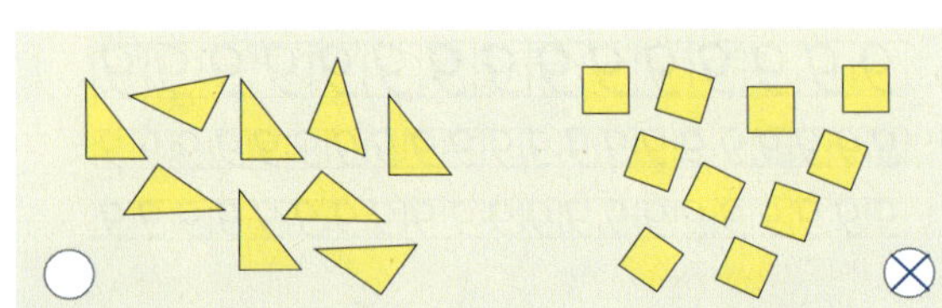

Zahlen bis 5

1 Welche Zahl passt? Verbinde.

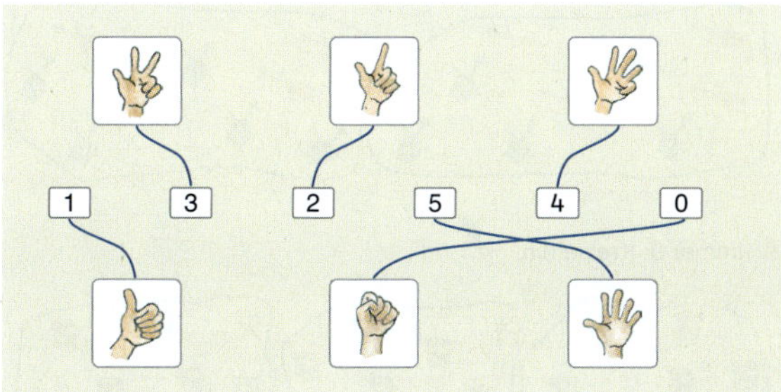

2 Schreibe.

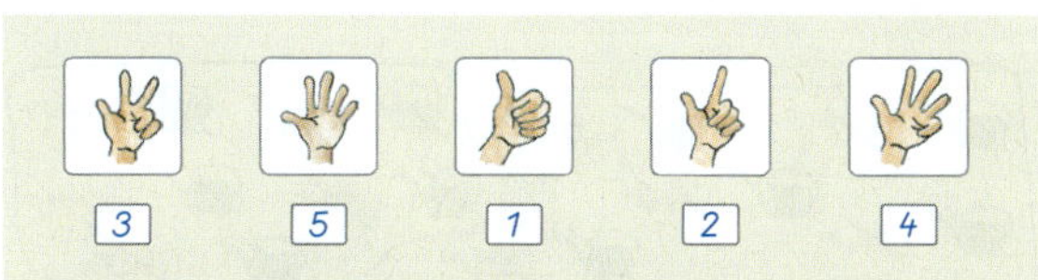

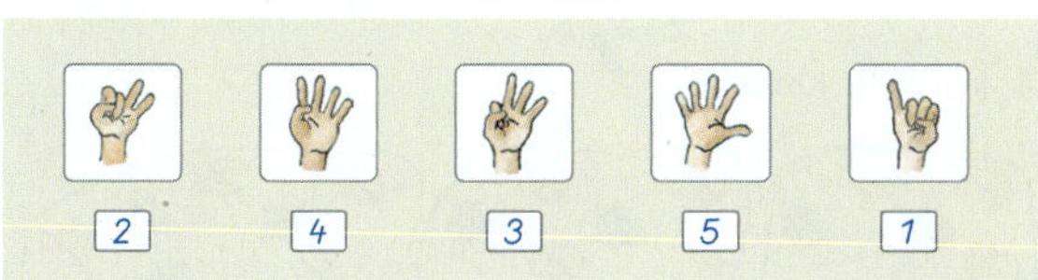

Zahlen bis 10

1 Welche Zahl passt? Verbinde.

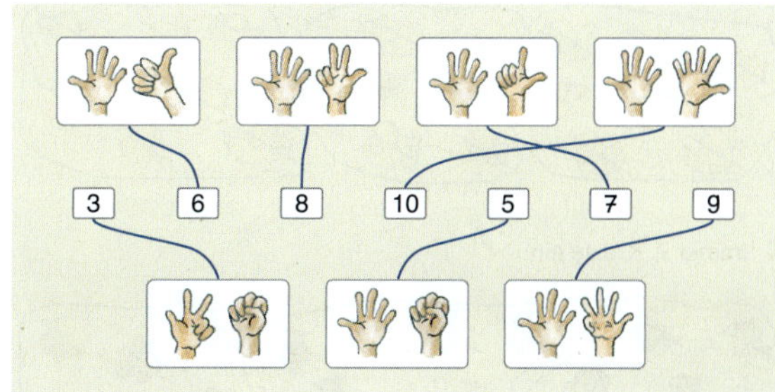

2 Schreibe.

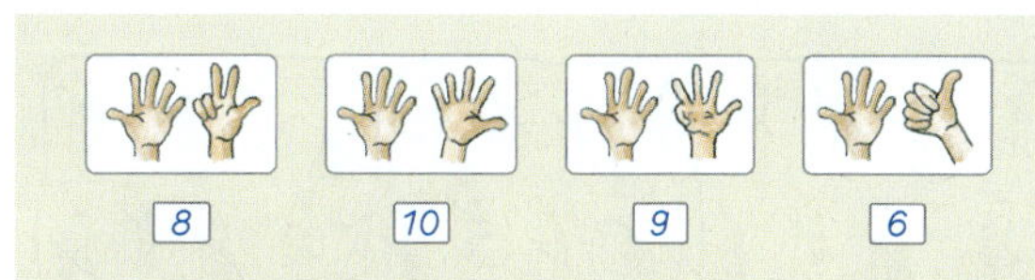

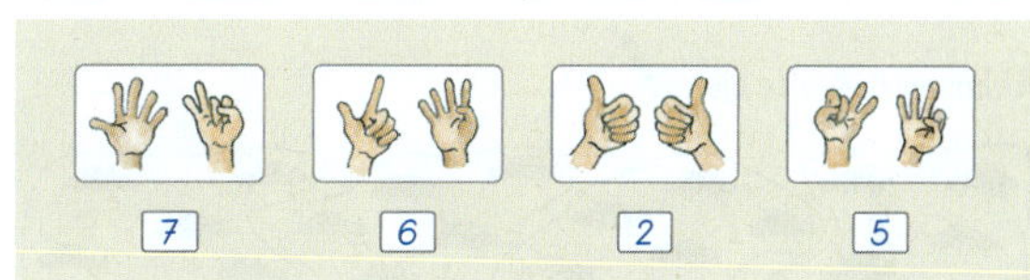

Mengen zu 2, 3 und 4 bündeln

* **1** Immer 2. Kreise ein.

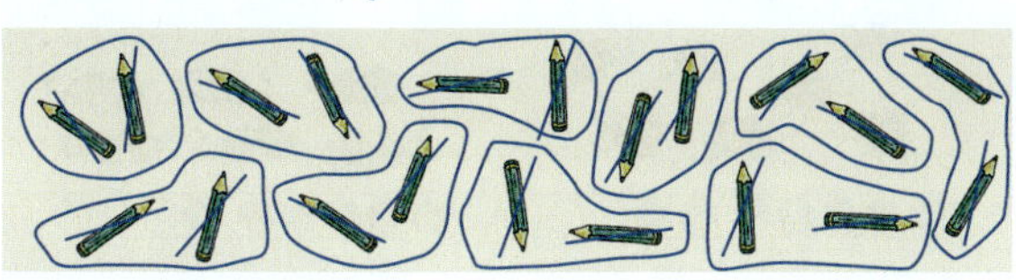

* **2** Immer 3. Kreise ein.

* **3** Immer 4. Kreise ein.

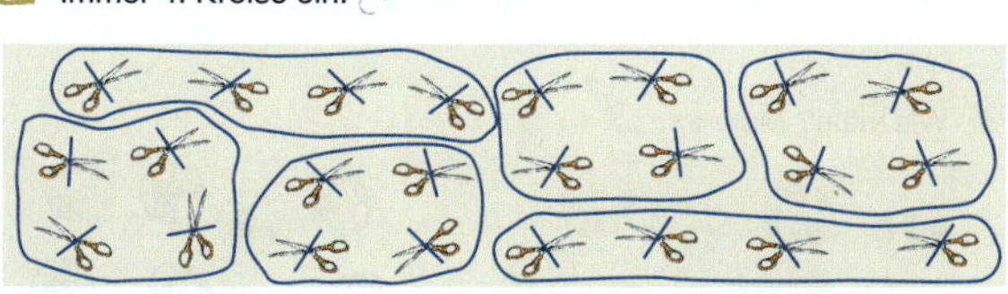

* **4** Immer 4. Kreise ein.

* Beispiellösung

Mengen zu 5 und 6 bündeln

* **1** Immer 5. Kreise ein.

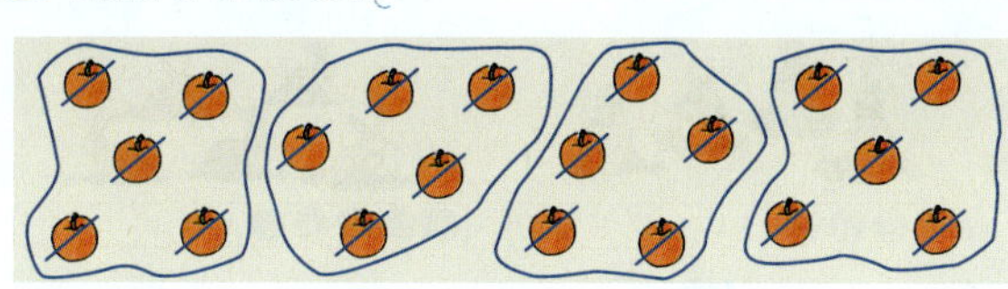

* **2** Immer 5. Kreise ein.

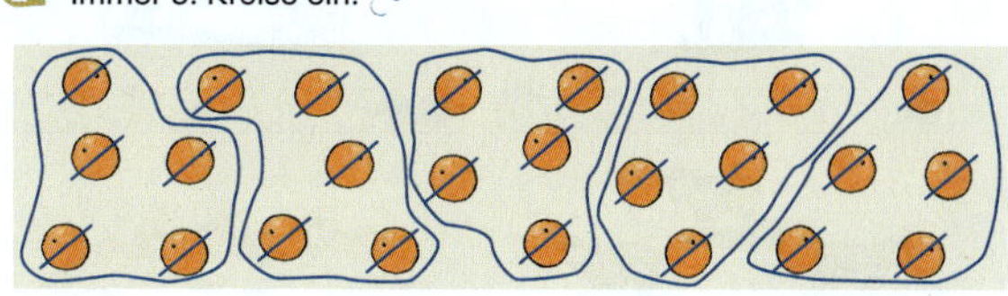

* **3** Immer 6. Kreise ein.

* **4** Immer 6. Kreise ein.

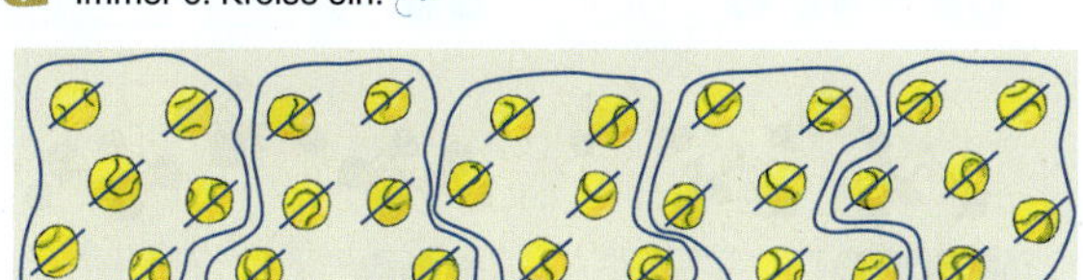

* Beispiellösung

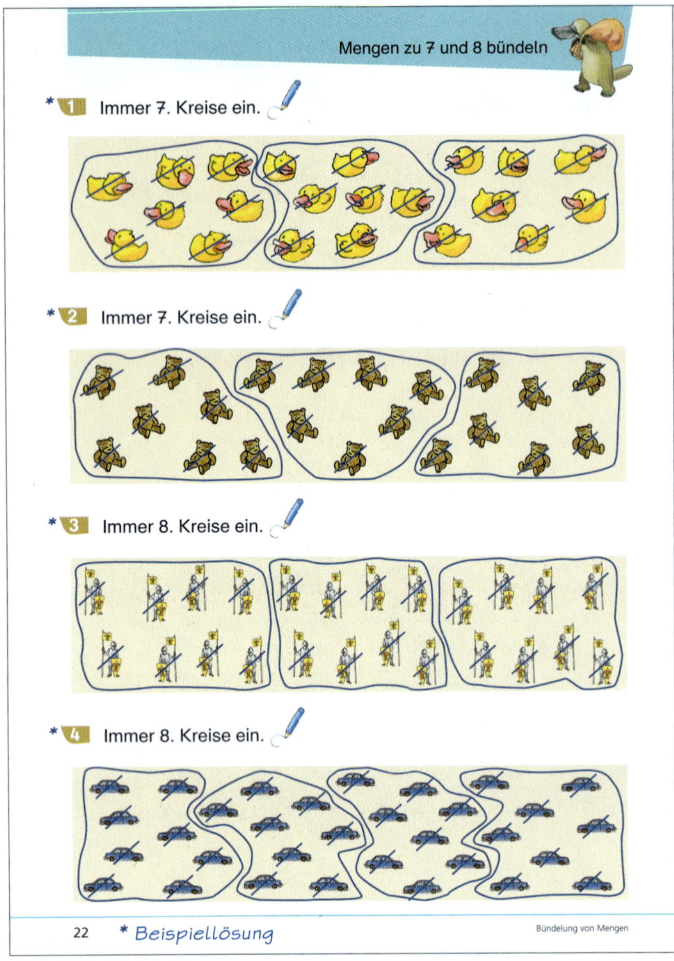
Mengen zu 7 und 8 bündeln

*1 Immer 7. Kreise ein.

*2 Immer 7. Kreise ein.

*3 Immer 8. Kreise ein.

*4 Immer 8. Kreise ein.

22 * Beispiellösung Bündelung von Mengen

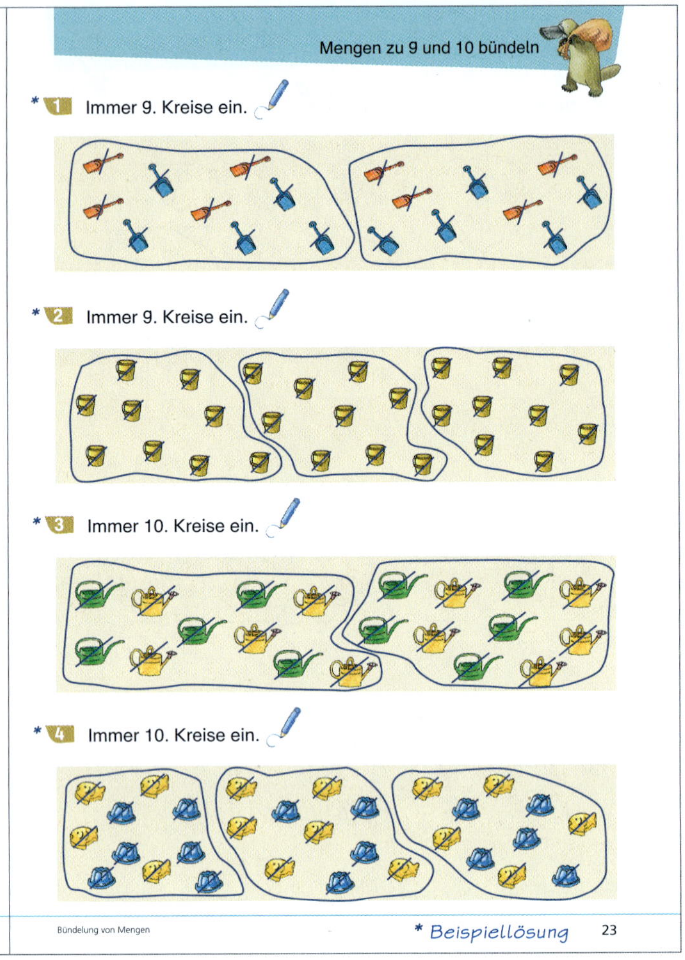
Mengen zu 9 und 10 bündeln

*1 Immer 9. Kreise ein.

*2 Immer 9. Kreise ein.

*3 Immer 10. Kreise ein.

*4 Immer 10. Kreise ein.

Bündelung von Mengen * Beispiellösung 23

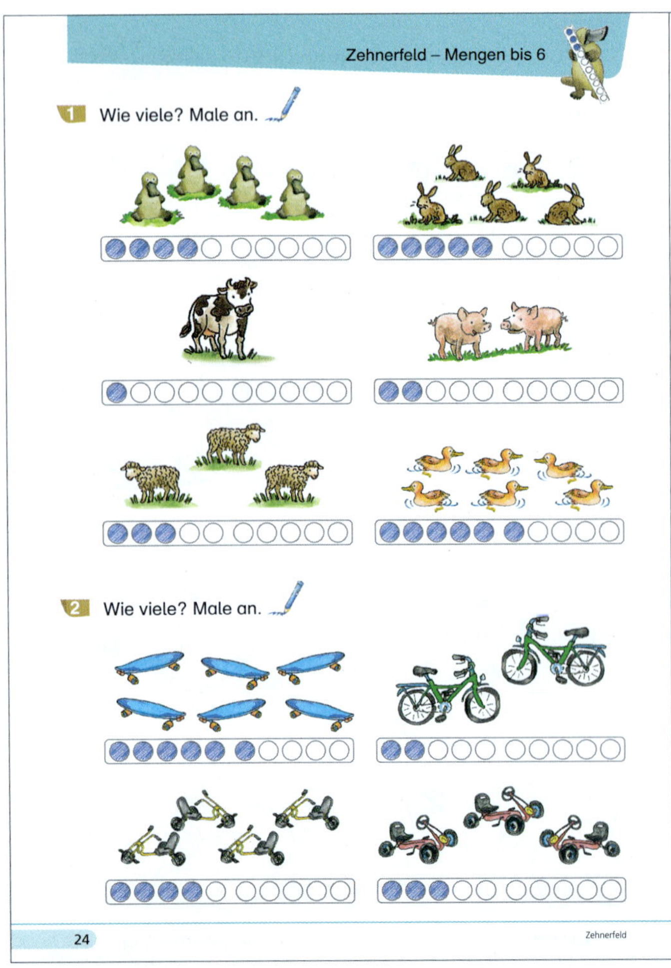
Zehnerfeld – Mengen bis 6

1 Wie viele? Male an.

2 Wie viele? Male an.

24 Zehnerfeld

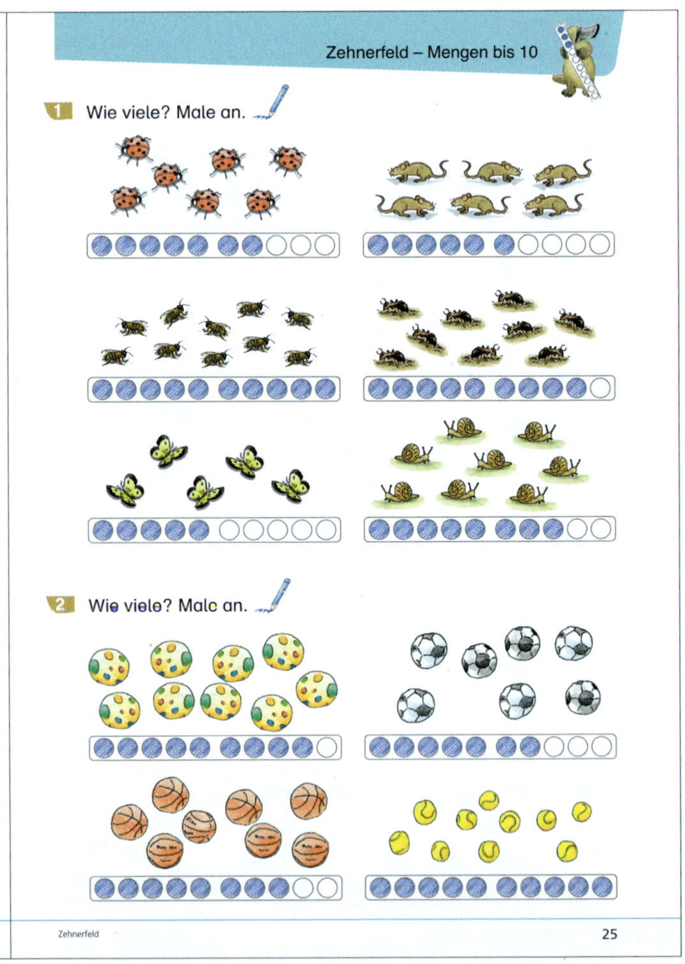
Zehnerfeld – Mengen bis 10

1 Wie viele? Male an.

2 Wie viele? Male an.

Zehnerfeld 25

Zehnerfeld – Zahlen bis 6

1 Wie viele? Male die passende Zahl an.

2 **3** 4 — **5** 6 7

3 2 **1** — 1 **3** 2

2 4 6 — 6 5 **4**

2 Wie viele? Schreibe.

1 — 5

3 — 2

4 — 6

Zehnerfeld – Zahlen bis 10

1 Male an.

6 — 4

8 — 7

10 — 9

2 Streiche weg.

8 — 5

3 — 0

2 — 4

Mengen bis 6 zählen

Wie viele? Schreibe.

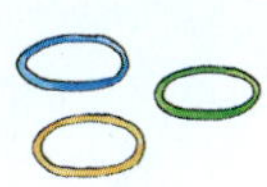

3

5

2

4

1

6

4

2

1

6

Mengen bis 10 zählen

Wie viele? Schreibe.

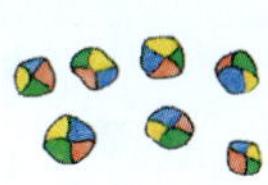

7

6

5

9

8

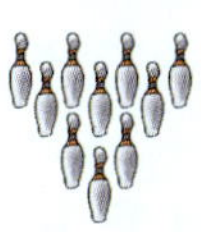

10

6

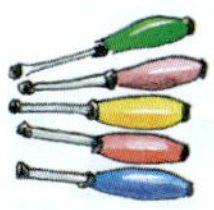

5

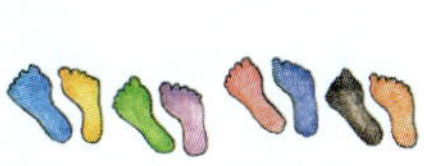

8

7

Mengen bis 6 zählen – Sachsituation

Zähle und schreibe.

3

1

2

6

4

5

Mengen bis 10 zählen – Sachsituation

Zähle und schreibe.

8

5

9

10

6

7

0

2

Zu viel oder zu wenig?

Male dazu oder streiche weg.

3

5

2

6

4

5

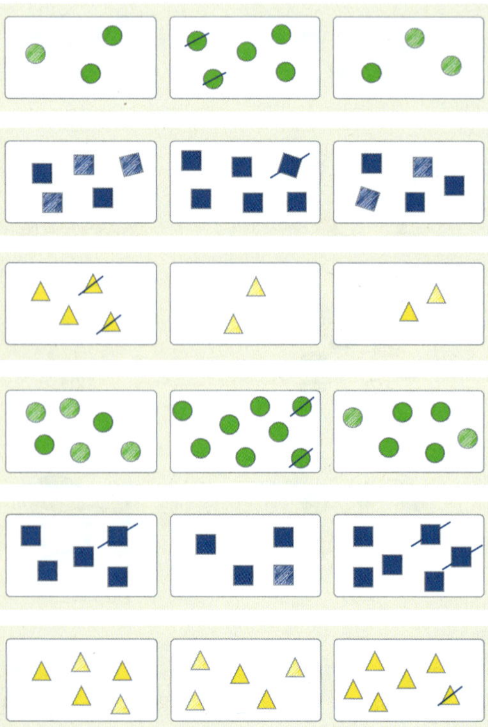

Zu viel oder zu wenig?

Male dazu oder streiche weg.

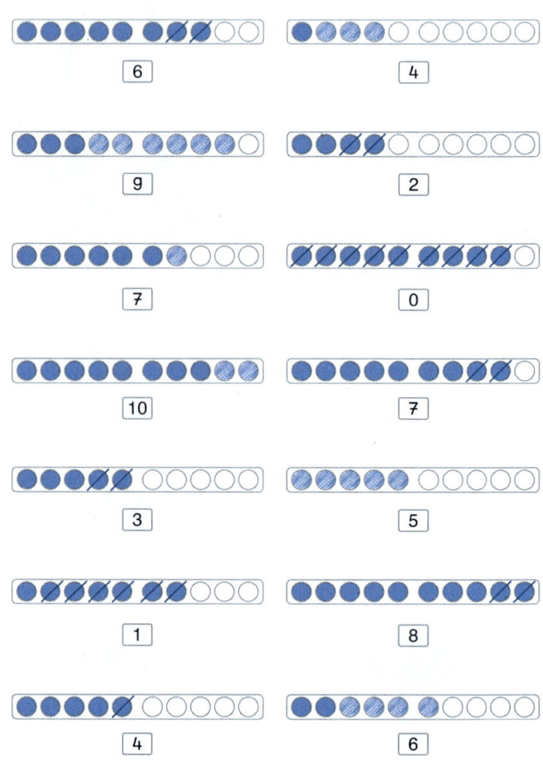

Würfelbilder bis 6

1 Verbinde.

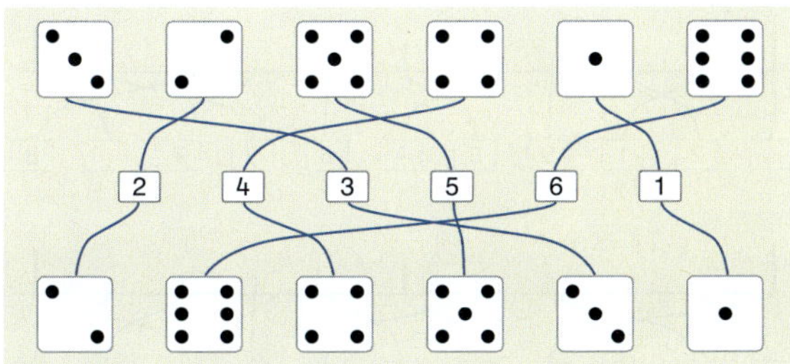

2 Zähle und schreibe.

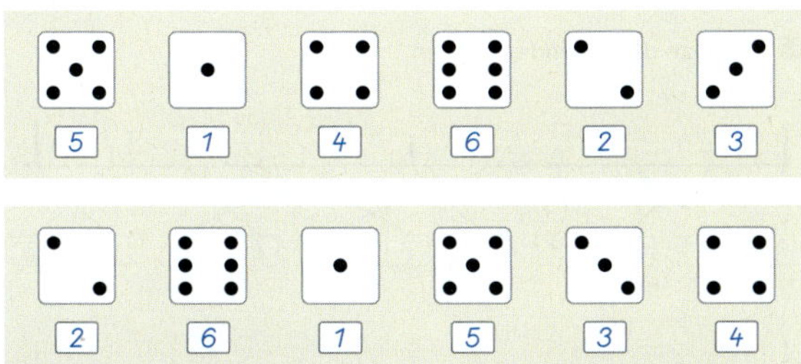

3 Male die Würfelbilder.

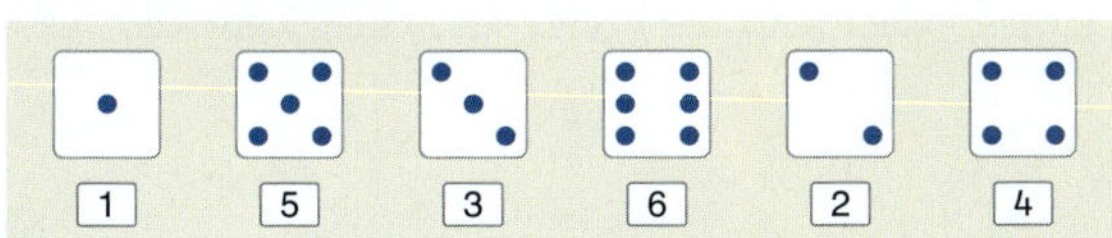

Würfelbilder bis 10

1 Verbinde.

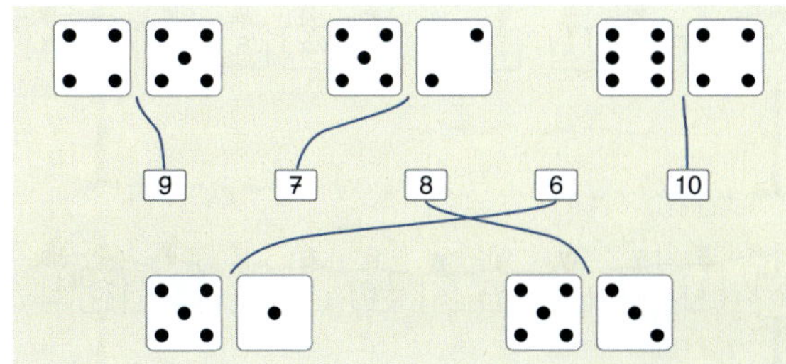

2 Zähle und schreibe.

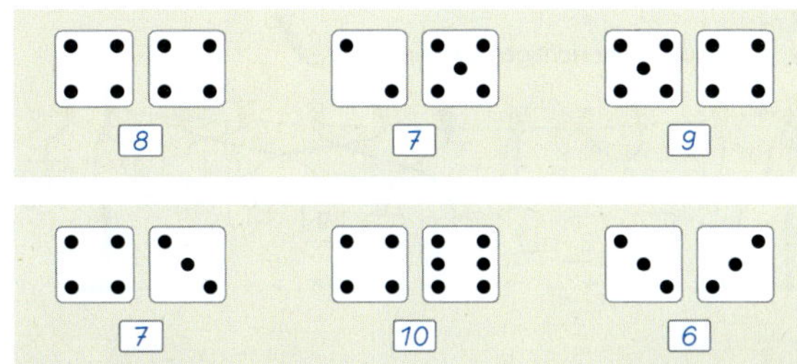

* **3** Male die Würfelbilder.

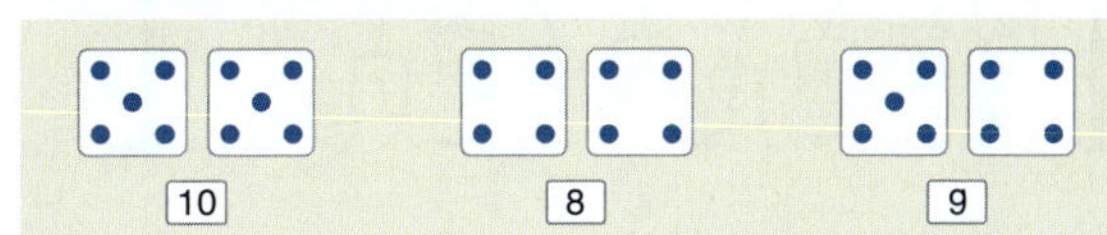

Zahlenreihe

1 Zähle und schreibe.

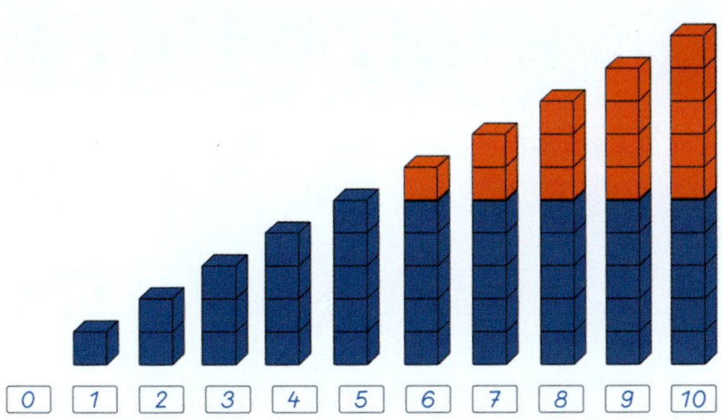

2 Wie viele? Male an.

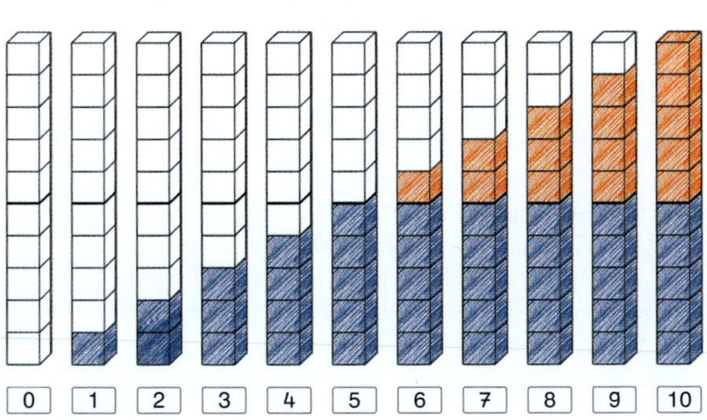

Zahlenreihe

1 Ergänze die fehlenden Zahlen.

0 1 2 3 4 5 6 7 8 9 10

0 1 2 3 4 5 6 7 8 9 10

2 3 4 5 6 — 4 5 6 7 8

4 5 6 7 8 — 5 6 7 8 9

2 Ergänze die fehlenden Zahlen.

10 9 8 7 6 5 4 3 2 1 0

10 9 8 7 6 5 4 3 2 1 0

8 7 6 5 4 — 4 3 2 1 0

9 8 7 6 5 — 5 4 3 2 1

Zahlenleine

1 Ergänze die fehlenden Zahlen.

2 Verbinde in der richtigen Reihenfolge.

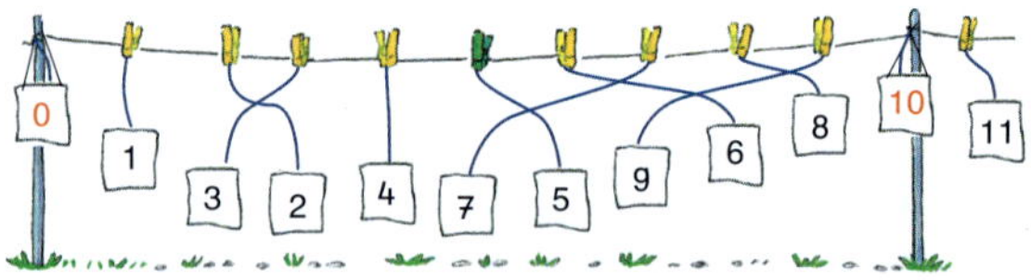

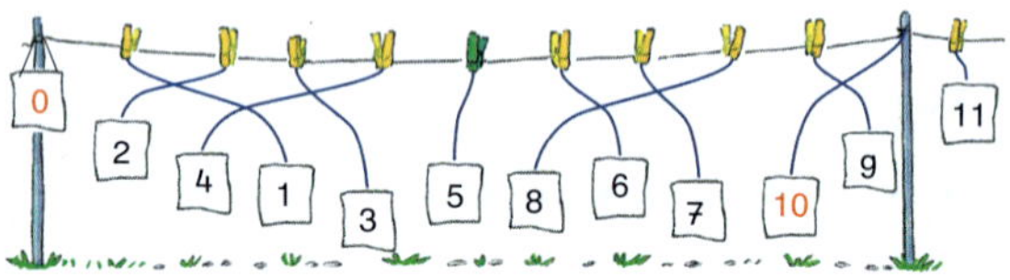

Zahlenstrahl

1 Verbinde in der richtigen Reihenfolge.

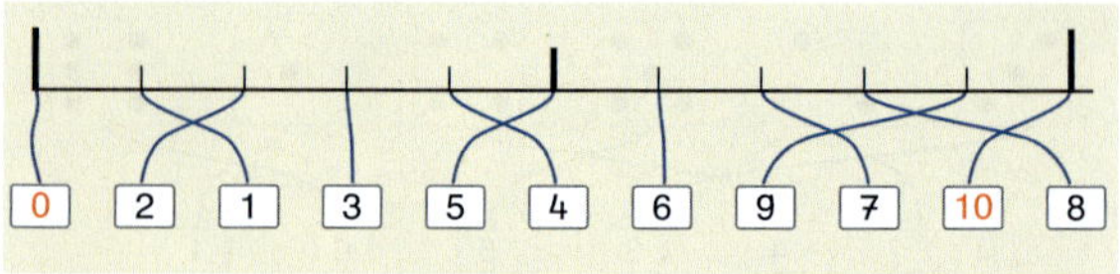

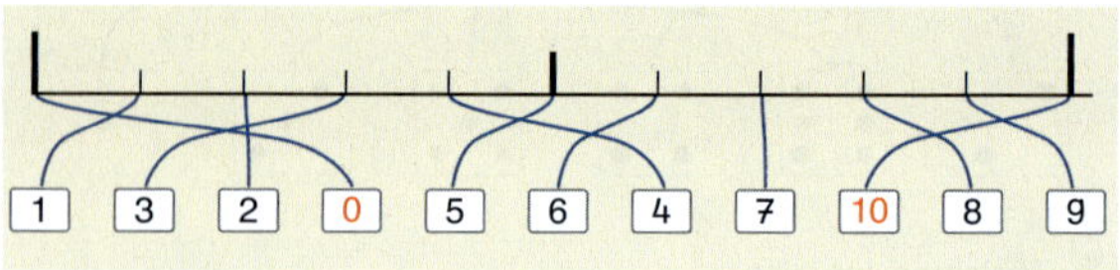

2 Ergänze die fehlenden Zahlen.

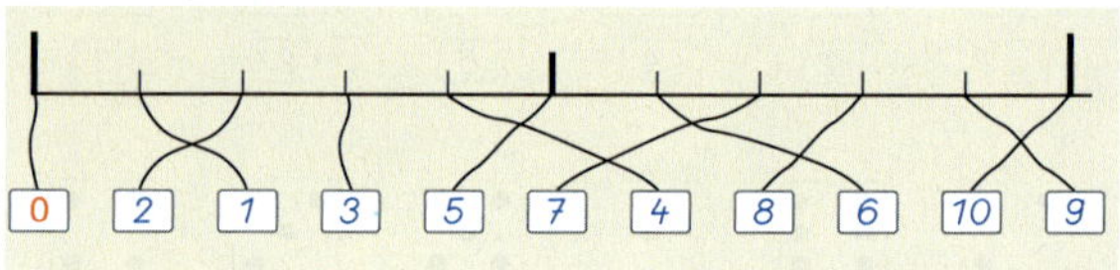

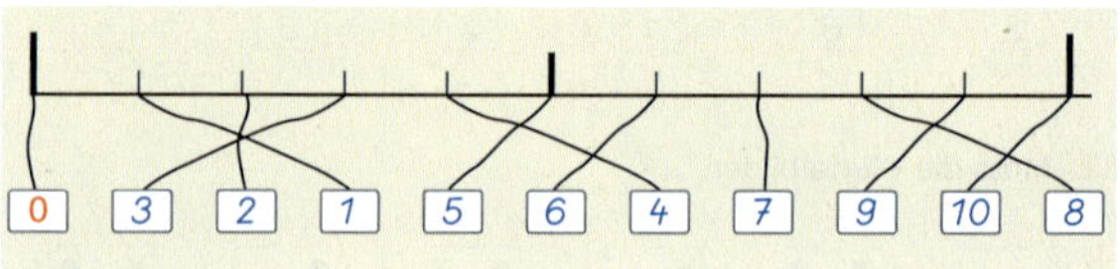

Zahlenfolgen

1 Male die Felder an und schreibe die Zahlenfolgen.

0	1	2	3	4	5	6	7	8	9	10

0, 2, 4, 6, 8, 10

0	1	2	3	4	5	6	7	8	9	10

0, 3, 6, 9

0	1	2	3	4	5	6	7	8	9	10

1, 3, 5, 7, 9

0	1	2	3	4	5	6	7	8	9	10

1, 4, 7, 10

* **2** Erfinde eine eigene Zahlenfolge.

0	1	2	3	4	5	6	7	8	9	10

Zahlenfolgen

1 Male die Felder an und schreibe die Zahlenfolgen.

0	1	2	3	4	5	6	7	8	9	10

0, 2, 4, 6, 8, 10

10, 8, 6, 4, 2, 0

0	1	2	3	4	5	6	7	8	9	10

0, 3, 6, 9

9, 6, 3, 0

0	1	2	3	4	5	6	7	8	9	10

0, 4, 8

8, 4, 0

* **2** Erfinde eine eigene Zahlenfolge.

0	1	2	3	4	5	6	7	8	9	10

Größer, kleiner, gleich bis 6

1 < 3 2 = 2 3 > 2

Wie viele Fische? Setze >, < oder = ein.

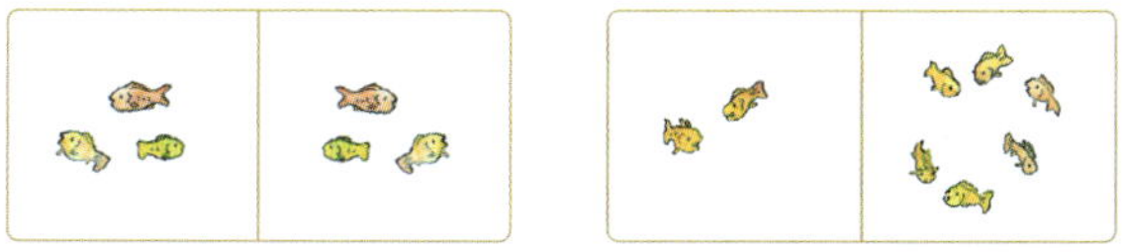

3 = 3 2 < 6

5 > 3 3 > 2

4 = 4 5 < 6

Größer, kleiner, gleich bis 10

1 Wie viele Formen? Setze >, < oder = ein.

4 < 6 9 > 8 3 < 5

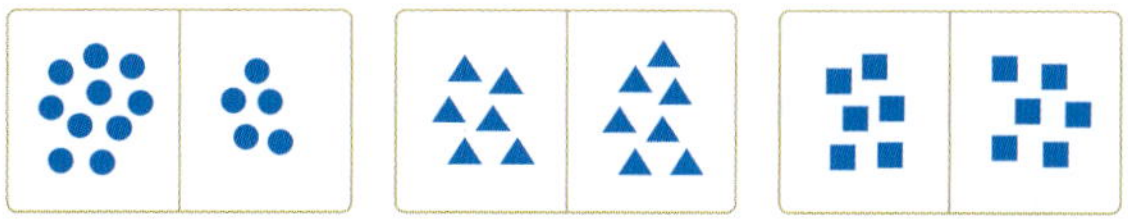

10 > 5 6 < 7 6 = 6

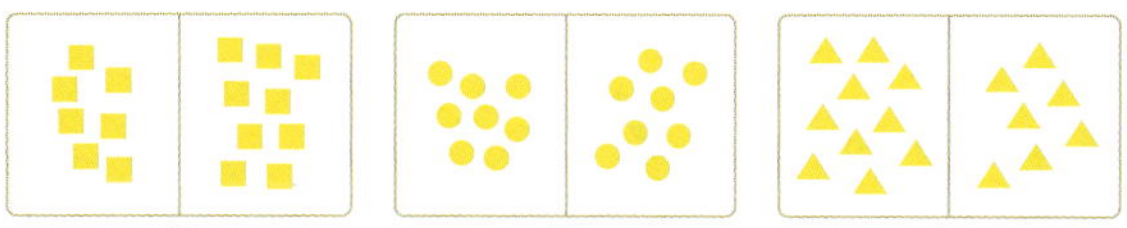

7 < 9 8 = 8 10 > 7

2 Setze >, < oder = ein.

8 > 6	7 = 7	8 < 9
2 < 3	10 > 2	5 = 5
4 < 7	3 < 8	4 > 2
1 = 1	9 > 6	0 < 3
5 > 4	1 < 10	10 > 6

Vorgänger und Nachfolger bis 6

1 Schreibe Vorgänger und Nachfolger.

2 Ergänze die fehlenden Zahlen.

3 Schreibe Vorgänger und Nachfolger.

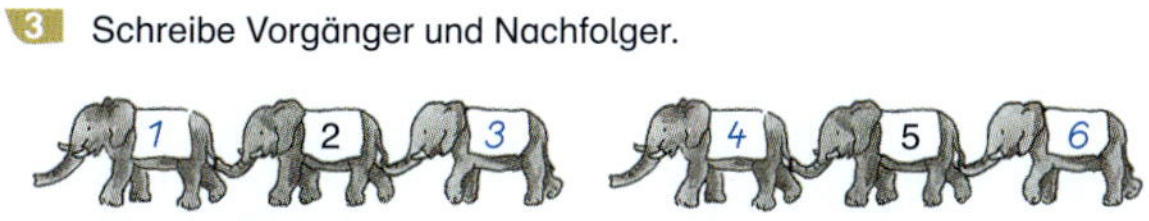

Vorgänger	Zahl	Nachfolger
1	2	3

Vorgänger	Zahl	Nachfolger
4	5	6

Vorgänger und Nachfolger bis 10

1 Schreibe Vorgänger und Nachfolger.

Vorgänger	Zahl	Nachfolger
6	7	8

Vorgänger	Zahl	Nachfolger
5	6	7

Vorgänger	Zahl	Nachfolger
8	9	10

Vorgänger	Zahl	Nachfolger
7	8	9

2 Schreibe Vorgänger und Nachfolger.

Vorgänger	Zahl	Nachfolger
2	3	4
6	7	8
5	6	7

Vorgänger	Zahl	Nachfolger
3	4	5
1	2	3
7	8	9

3 Ergänze die fehlenden Zahlen.

Vorgänger	Zahl	Nachfolger
7	8	9
1	2	3
5	6	7

Vorgänger	Zahl	Nachfolger
3	4	5
8	9	10
0	1	2

Ordnungszahlen bis 6

1 Sprich und schreibe.

2 Sprich und schreibe.

3 Schreibe und male an.

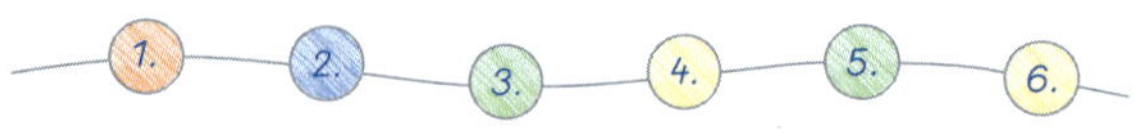

1. 2. 3., 5. 4., 6.

4 Ordne mit Zahlen.

Ordnungszahlen bis 10

1 Sprich und schreibe.

2 Sprich und schreibe.

3 Schreibe und male an.

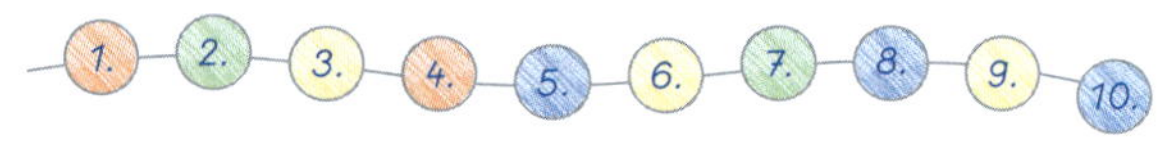

1., 4. 5., 8., 10. 2., 7. 3., 6., 9.

4 Ordne mit Zahlen.

Zahlen bis 10

1 Verbinde die Zahlen in der richtigen Reihenfolge.

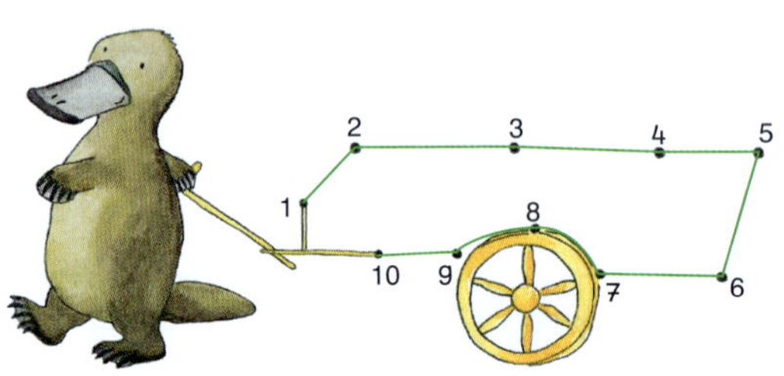

2 Verbinde die blauen, die schwarzen und die grünen Zahlen.

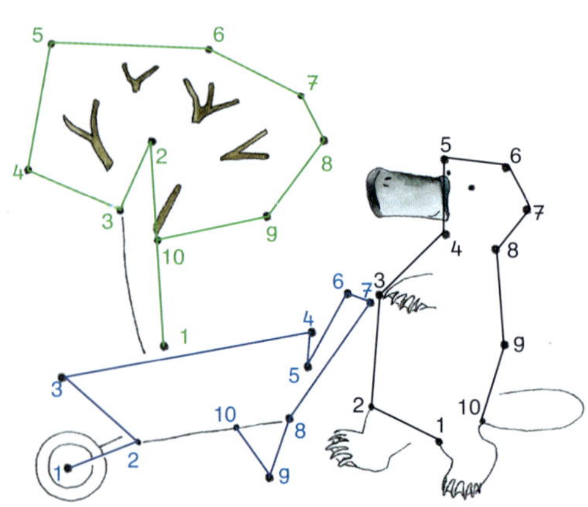

1 Wie viele? Male an.

2 Wie viele? Male an.

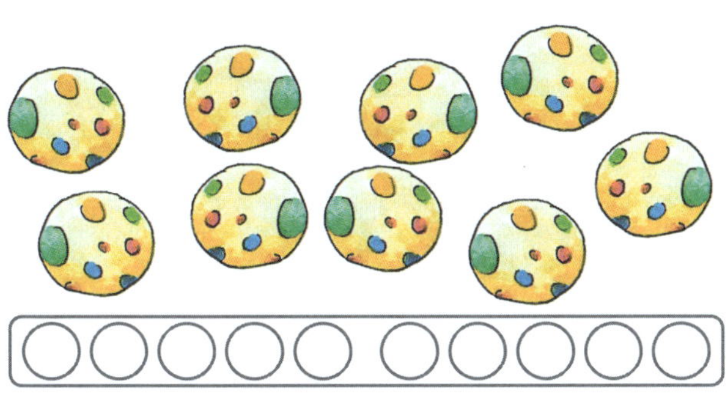

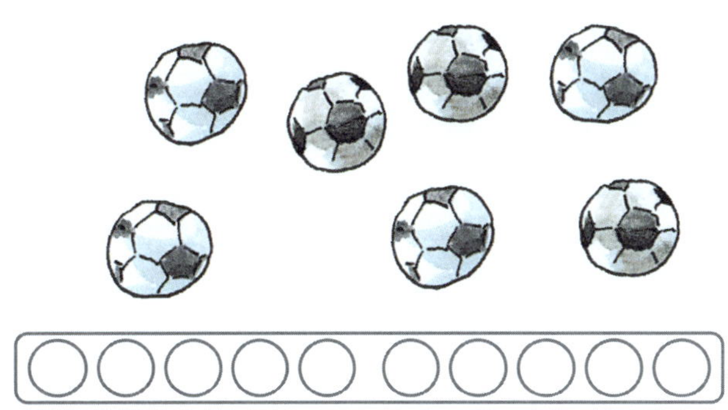

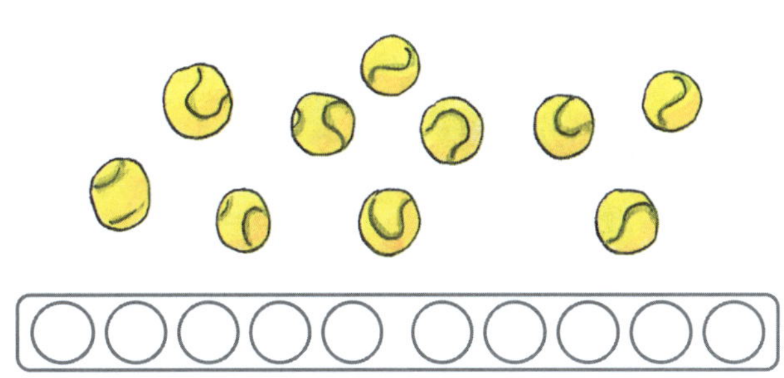

1 Wie viele? Male die passende Zahl an.

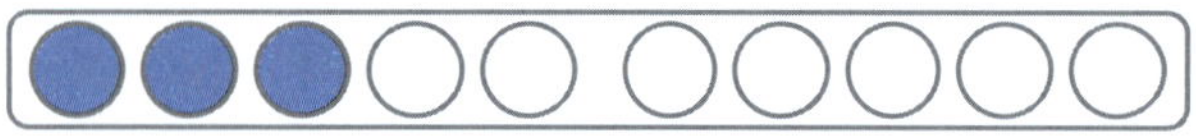

2 3 4

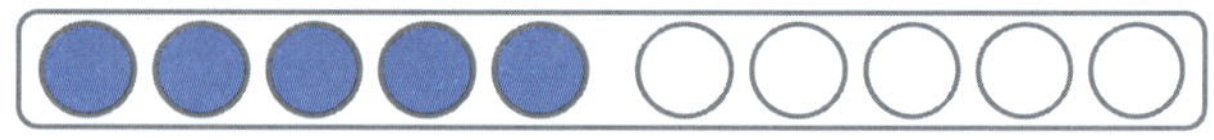

5 6 7

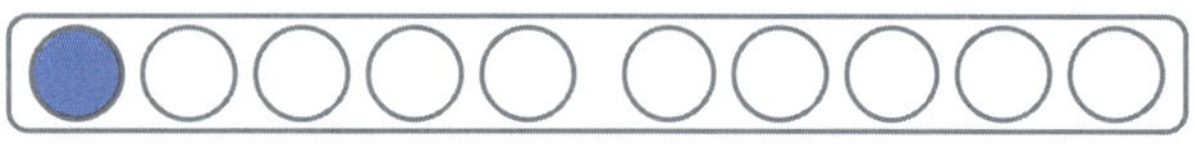

3 2 1

1 3 2

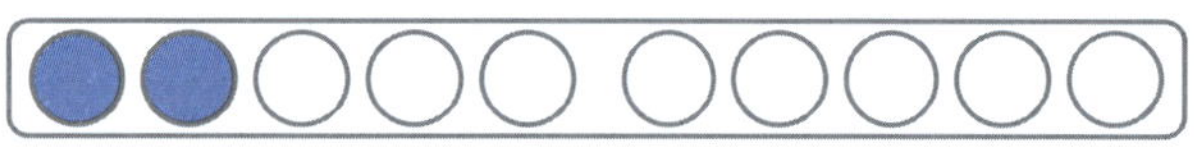

2 4 6

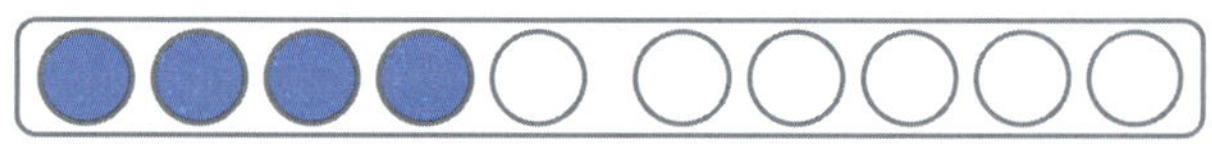

6 5 4

2 Wie viele? Schreibe.

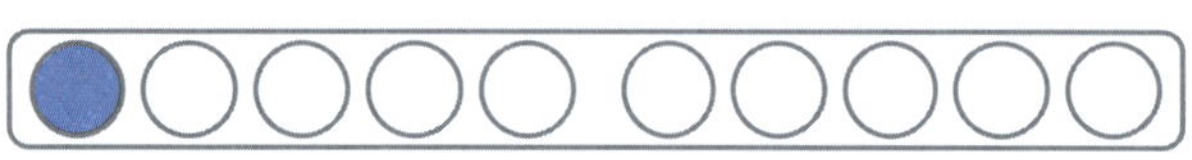

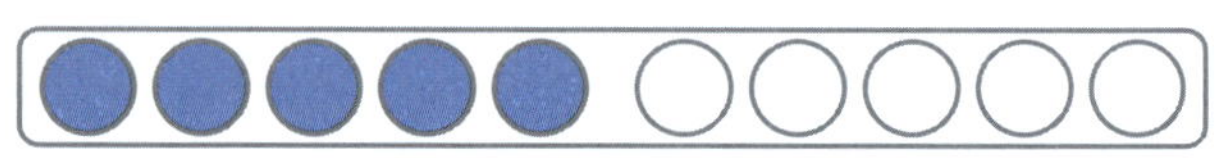

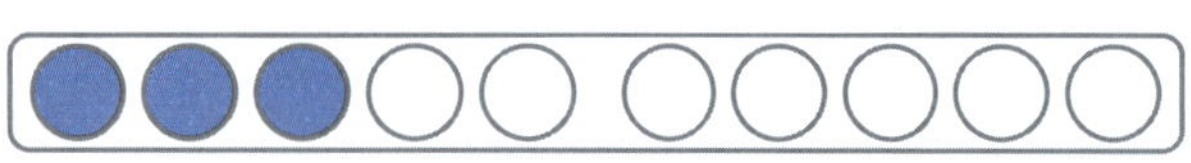

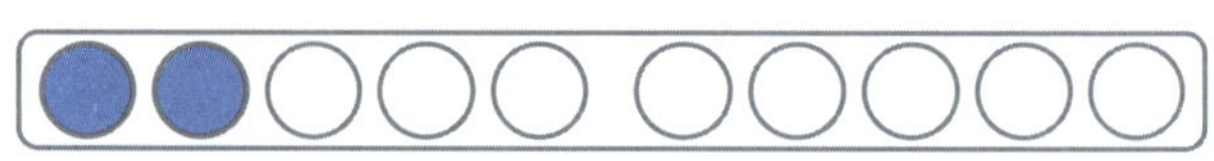

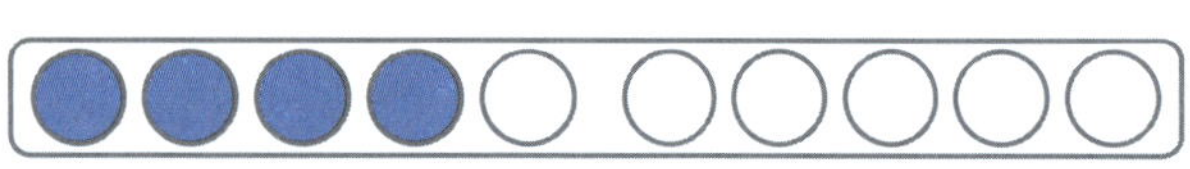

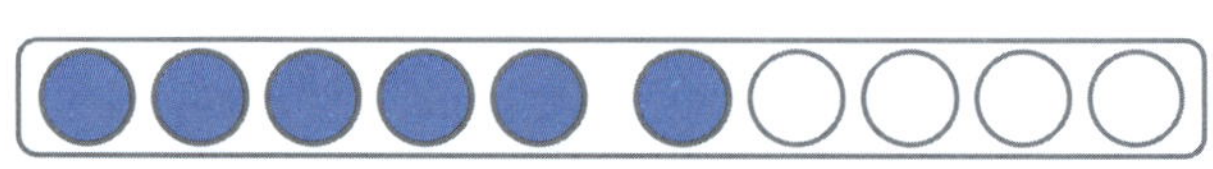

1 Male an.

6

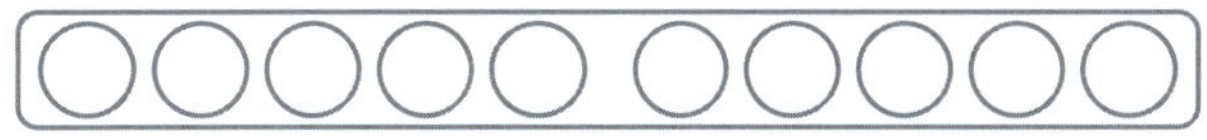

4

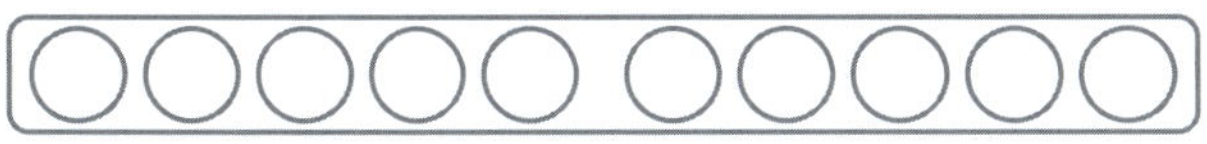

8

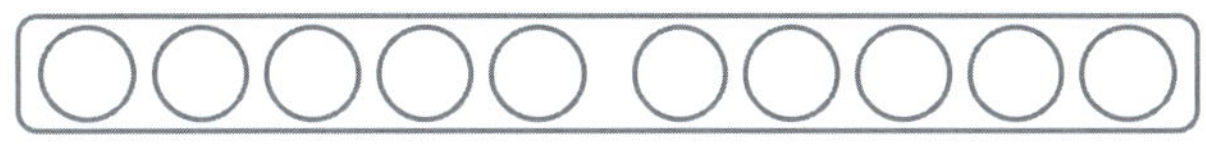

7

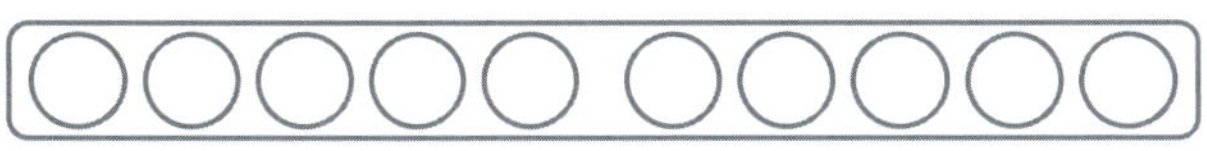

10

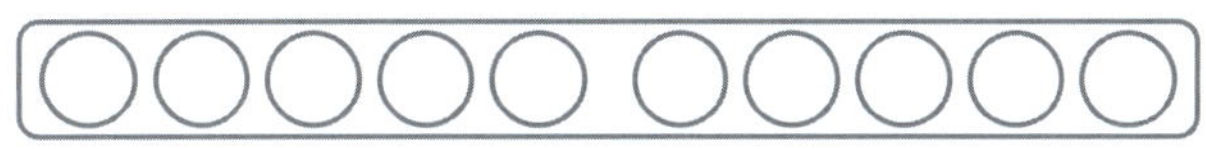

9

2 Streiche weg.

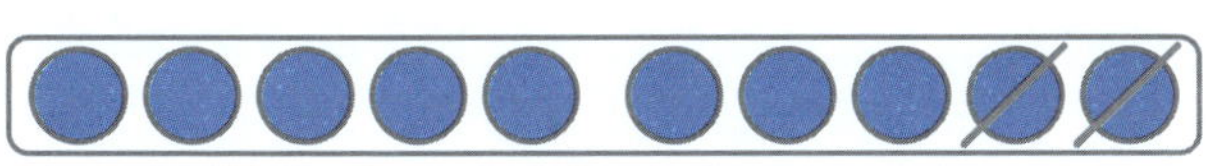

8

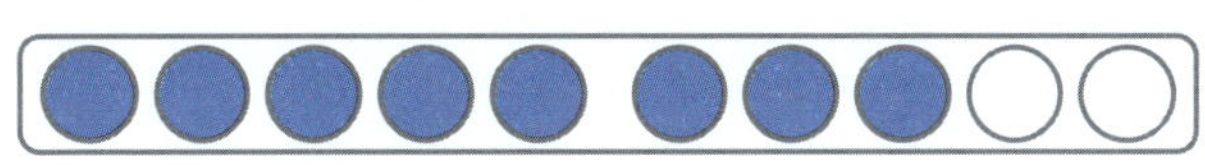

5

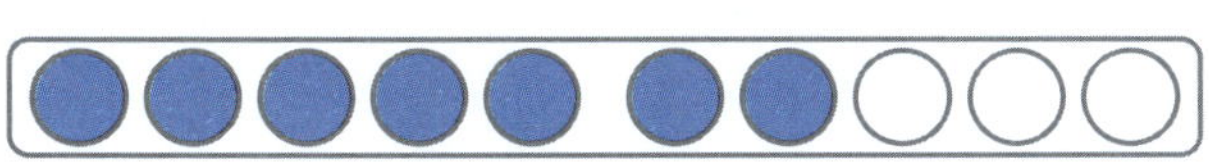

3

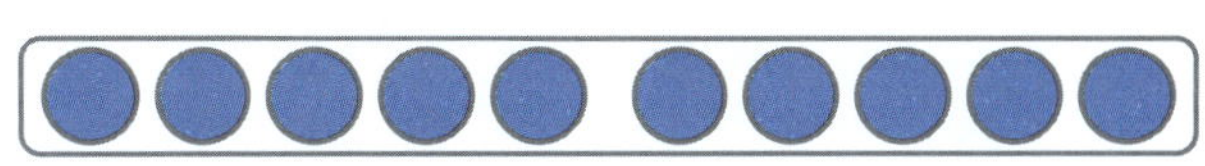

0

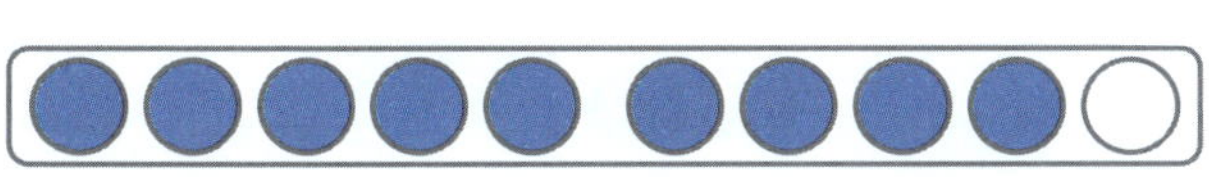

2

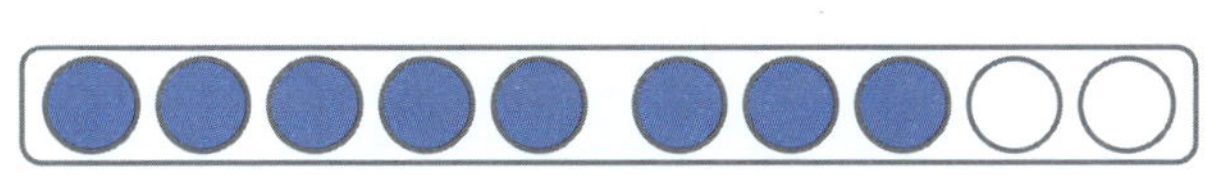

4

Mengen bis 6 zählen

Wie viele? Schreibe.

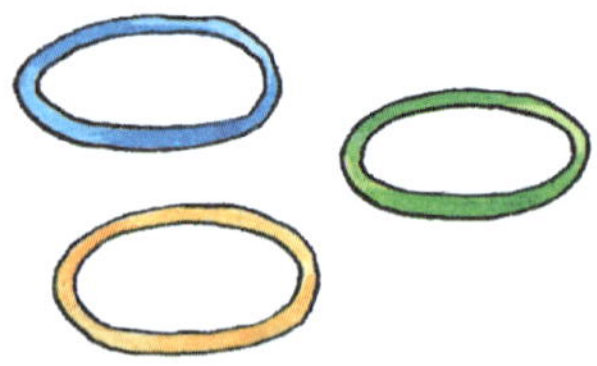

3

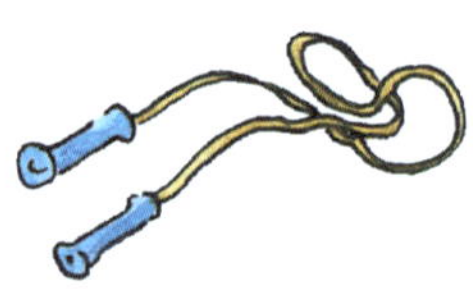

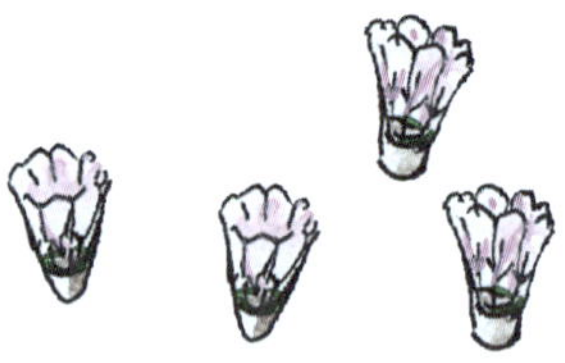

Mengen bis 10 zählen

Wie viele? Schreibe.

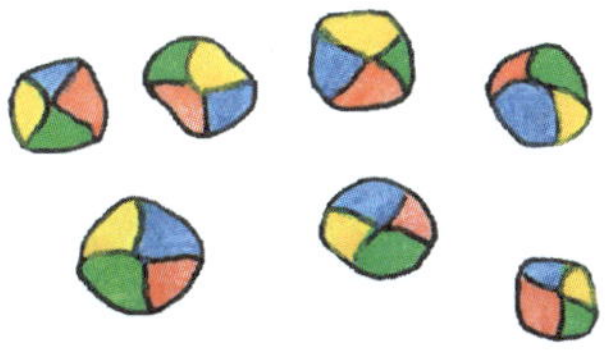

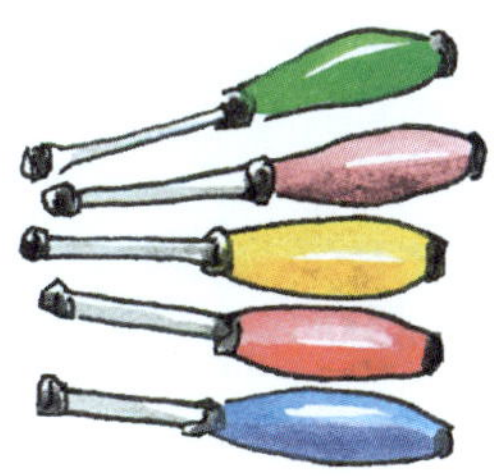

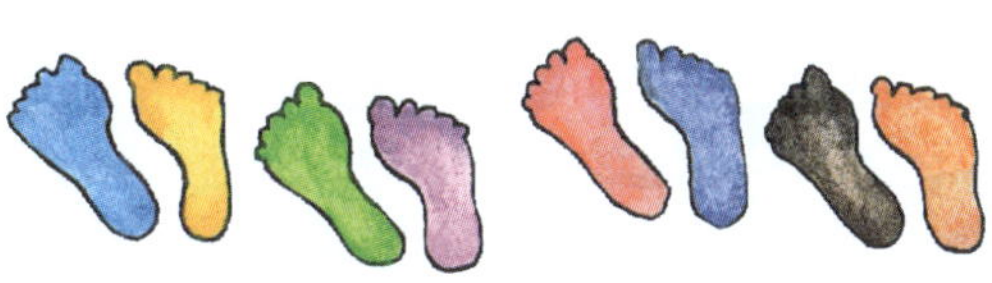

Zähle und schreibe.

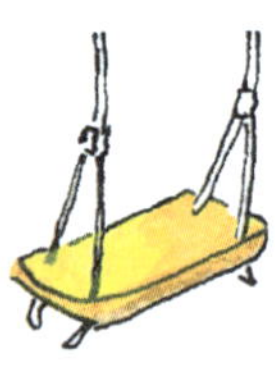

3

Mengen bis 10 zählen – Sachsituation

Zähle und schreibe.

Male dazu oder streiche weg. 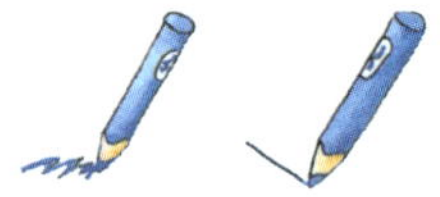

3 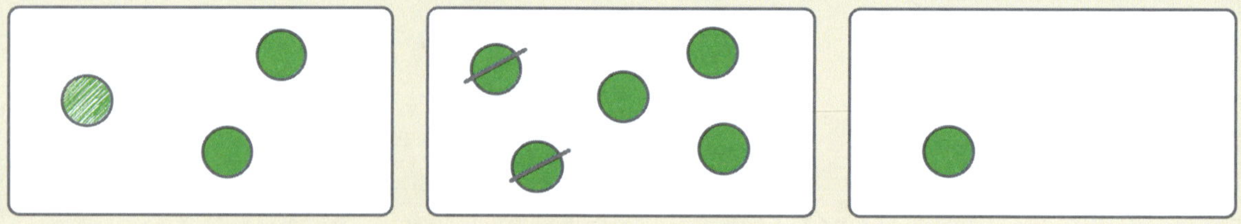

5 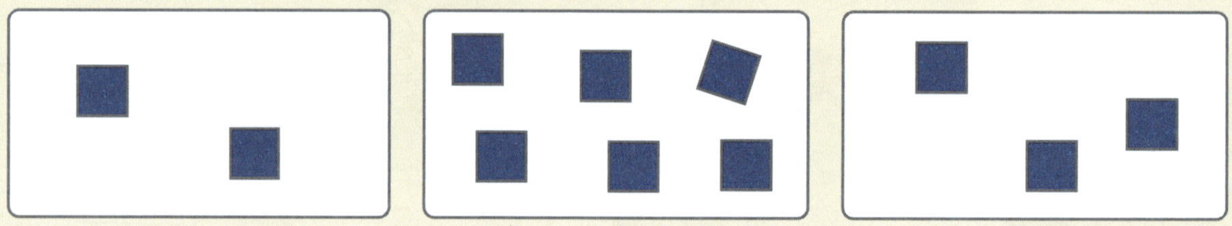

2 

6 

4 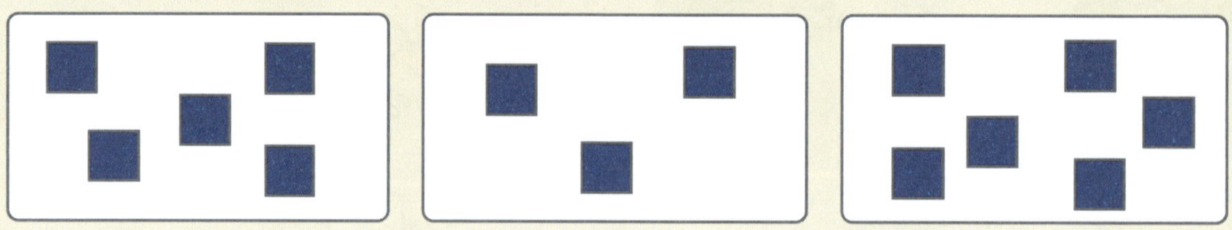

5 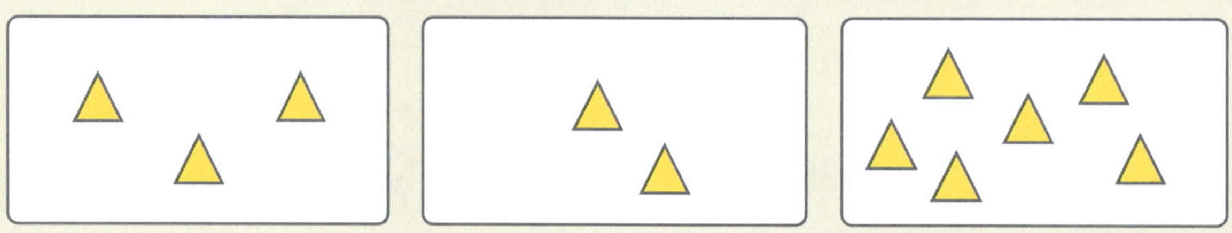

Zu viel oder zu wenig?

Male dazu oder streiche weg.

6

4

9

2

7

0

10

7

3

5

1

8

4

6

1 Verbinde.

2 Zähle und schreibe.

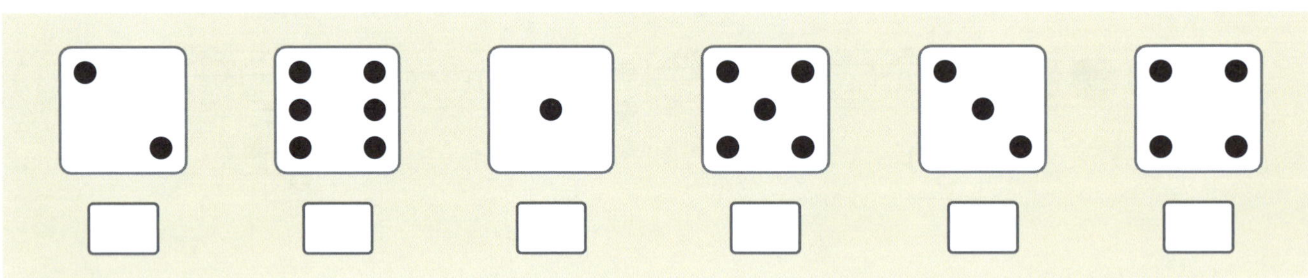

3 Male die Würfelbilder.

1 Verbinde.

2 Zähle und schreibe.

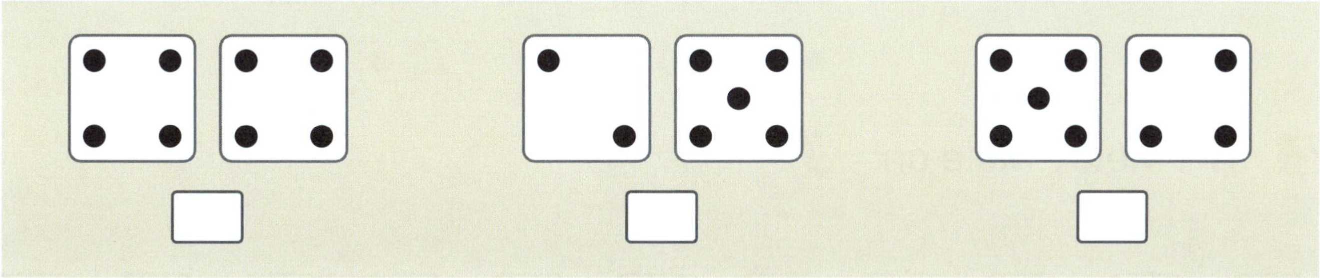

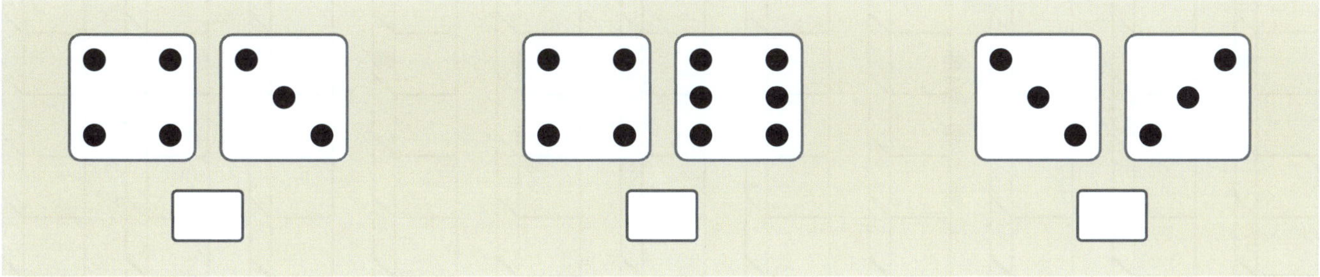

3 Male die Würfelbilder.

1 Zähle und schreibe.

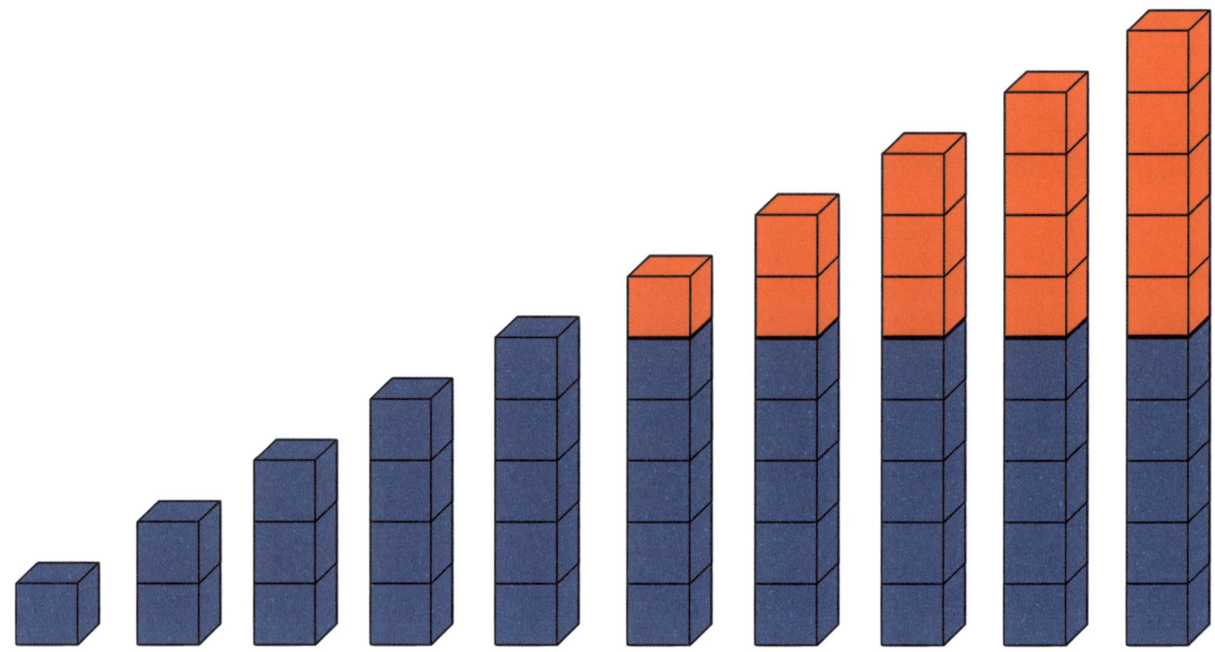

0	1									

2 Wie viele? Male an.

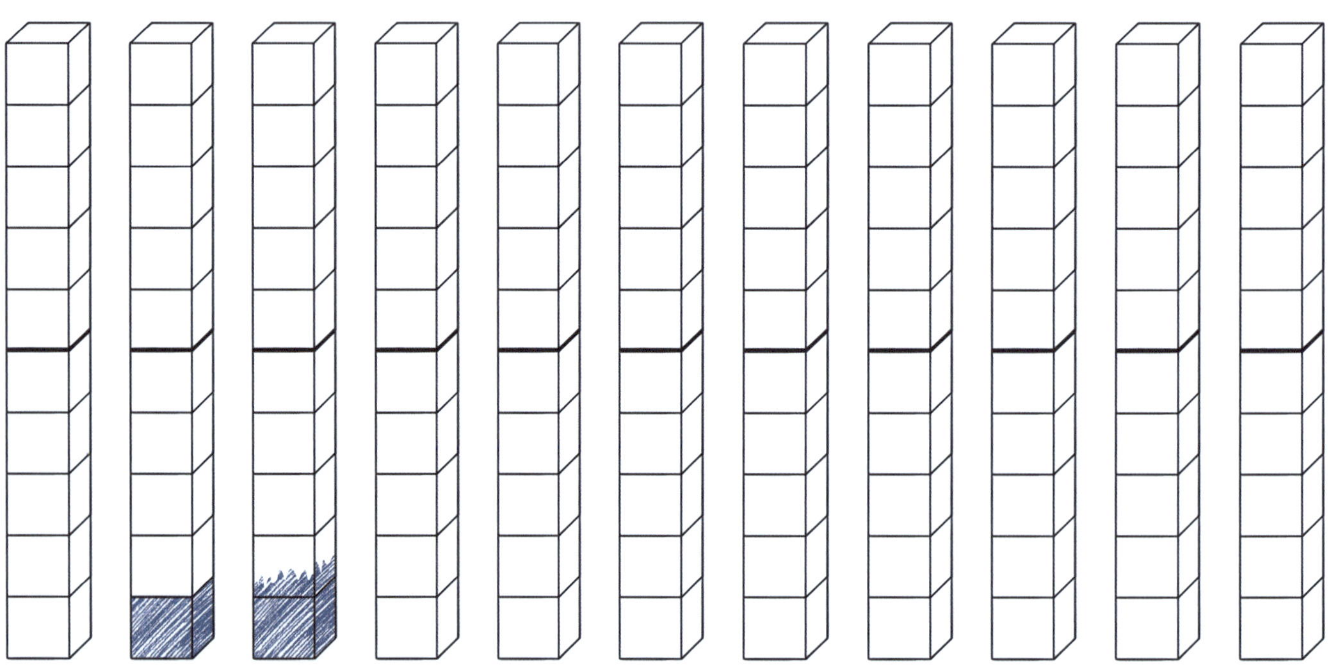

0	1	2	3	4	5	6	7	8	9	10

1 Ergänze die fehlenden Zahlen.

0	1	2		4		6	7		9	10
0		2			5				9	

2			5	
4		6		
	5		7	
	6		8	

2 Ergänze die fehlenden Zahlen.

10	9	8		6		4	3		1	0
	9			6			3			0

8			5	
4		2		
			6	
		3	2	

1 Ergänze die fehlenden Zahlen.

2 Verbinde in der richtigen Reihenfolge.

1 Verbinde in der richtigen Reihenfolge.

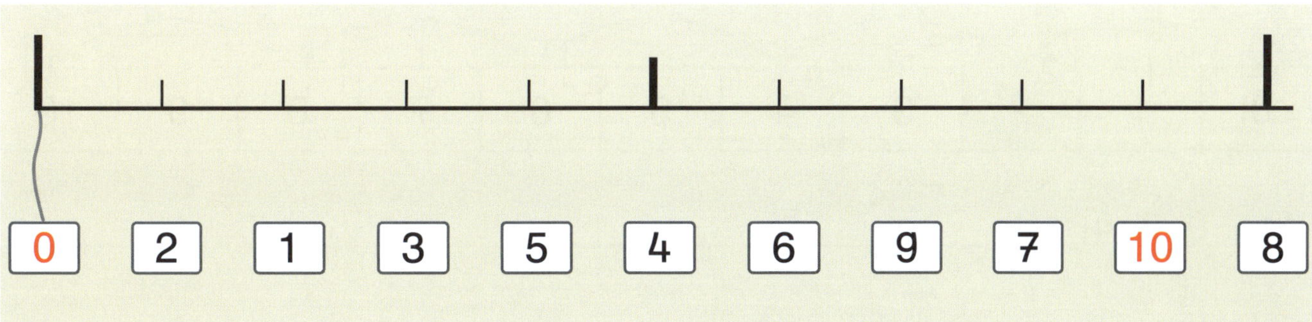

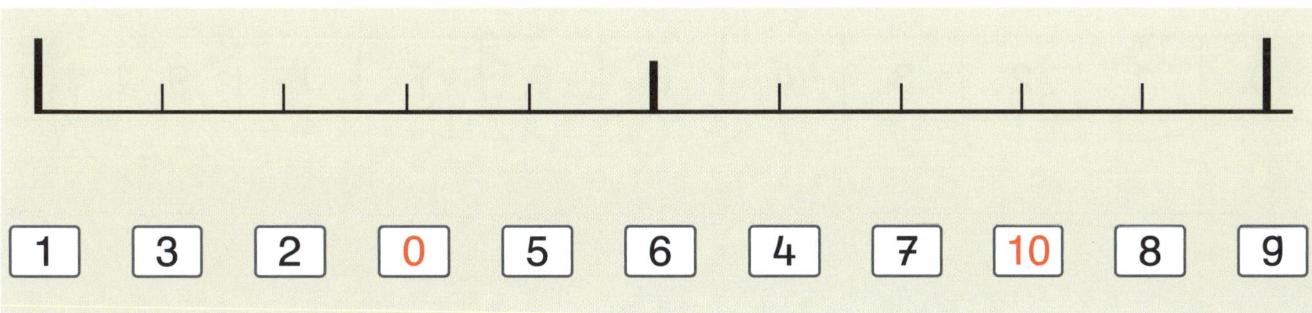

2 Ergänze die fehlenden Zahlen.

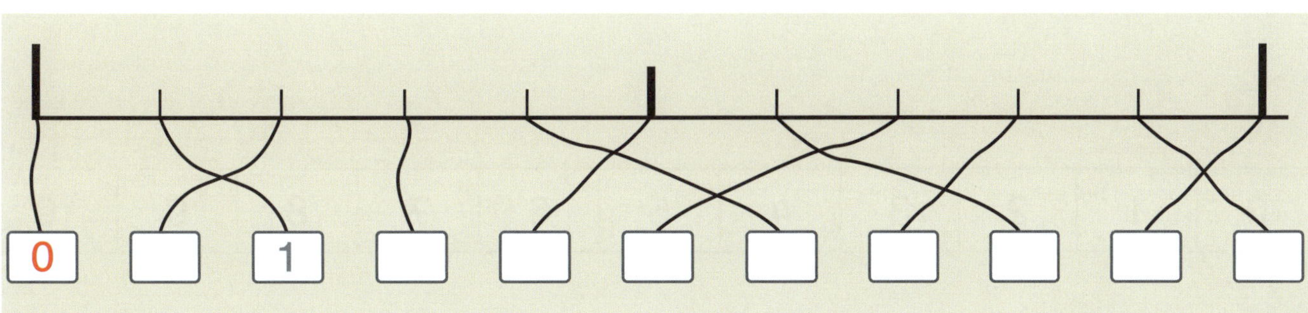

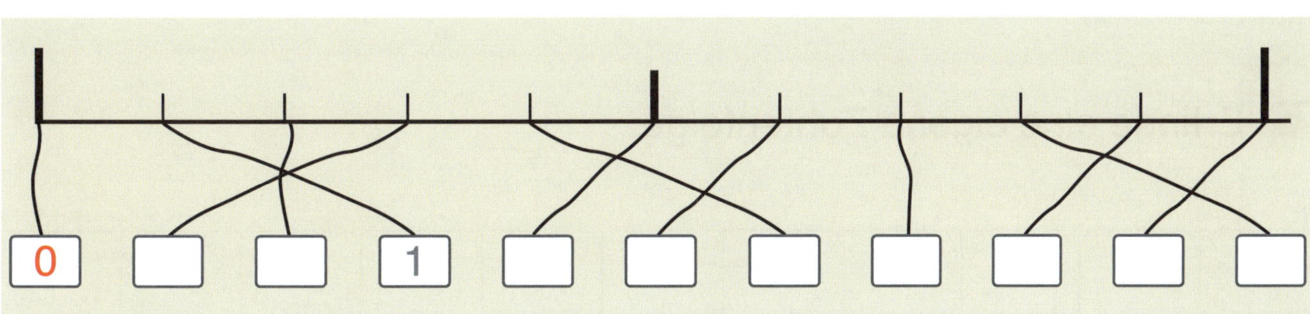

Zahlenfolgen

1 Male die Felder an und schreibe die Zahlenfolgen.

0	1	2	3	4	5	6	7	8	9	10

0, 2, 4, ______

0	1	2	3	4	5	6	7	8	9	10

______

0	1	2	3	4	5	6	7	8	9	10

______

0	1	2	3	4	5	6	7	8	9	10

______

2 Erfinde eine eigene Zahlenfolge.

0	1	2	3	4	5	6	7	8	9	10

______

1 Male die Felder an und schreibe die Zahlenfolgen.

0	1	2	3	4	5	6	7	8	9	10

0,

10, 8,

0	1	2	3	4	5	6	7	8	9	10

0	1	2	3	4	5	6	7	8	9	10

2 Erfinde eine eigene Zahlenfolge.

0	1	2	3	4	5	6	7	8	9	10

Größer, kleiner, gleich bis 6

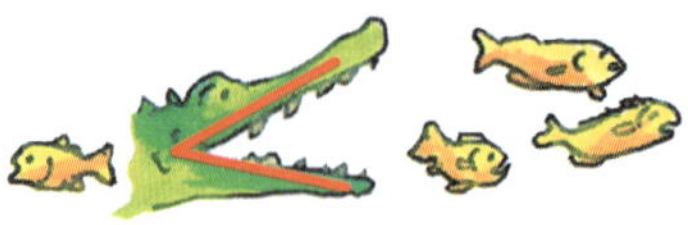

1 < 3

2 = 2

3 > 2

Wie viele Fische? Setze >, < oder = ein.

3 = 3

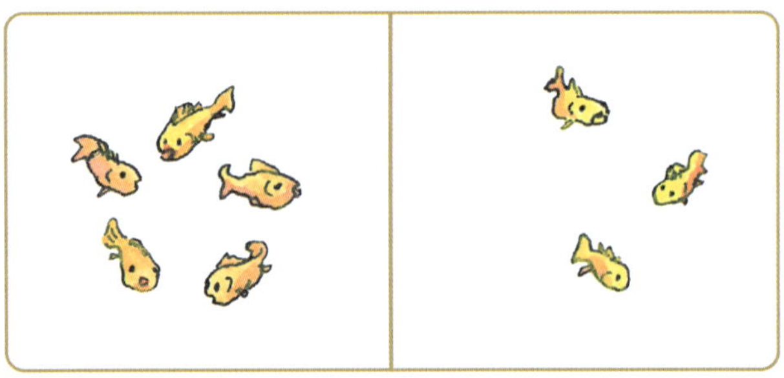

1 Wie viele Formen? Setze >, < oder = ein.

4 < 6

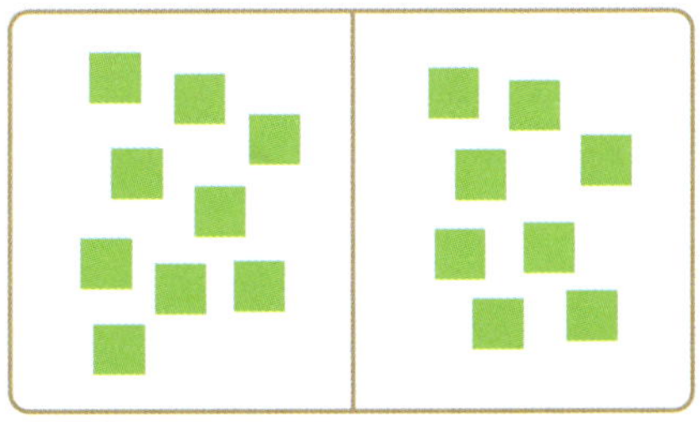

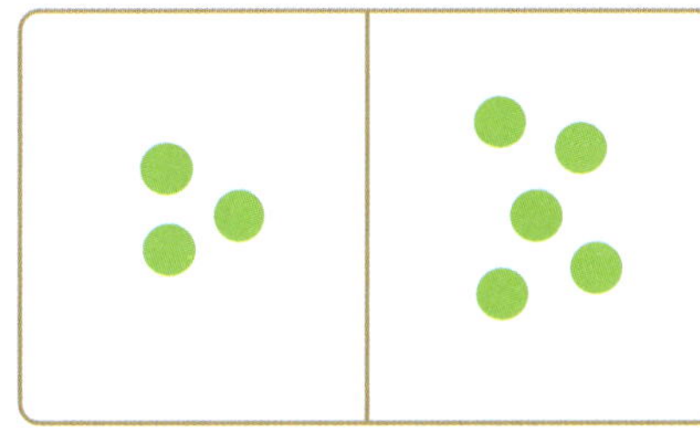

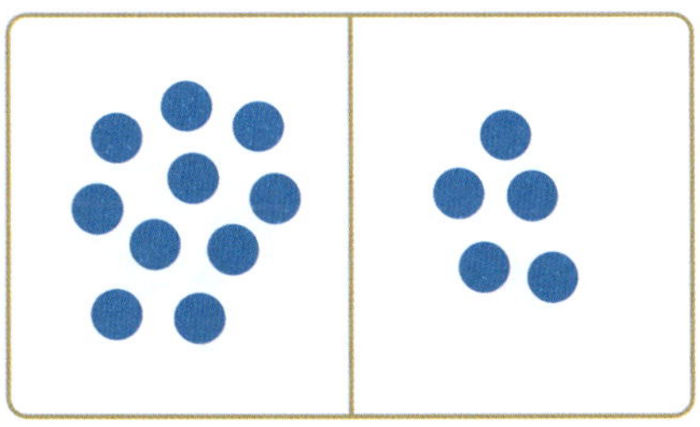

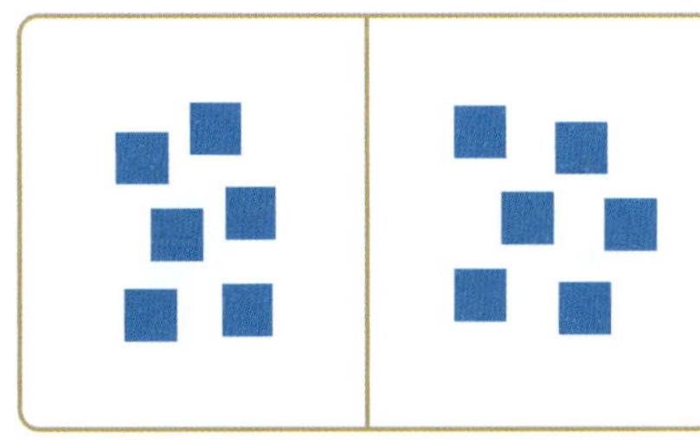

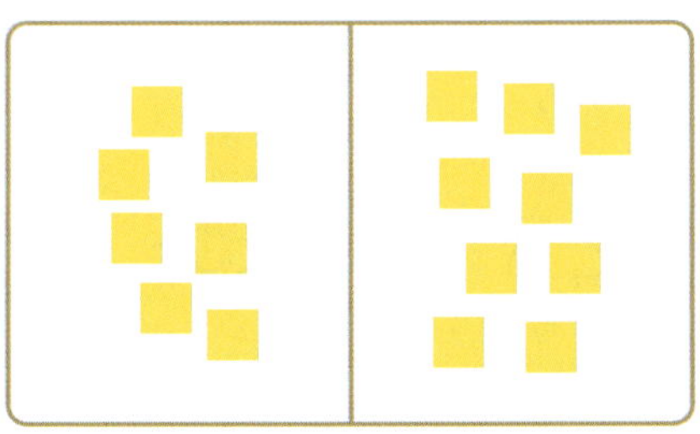

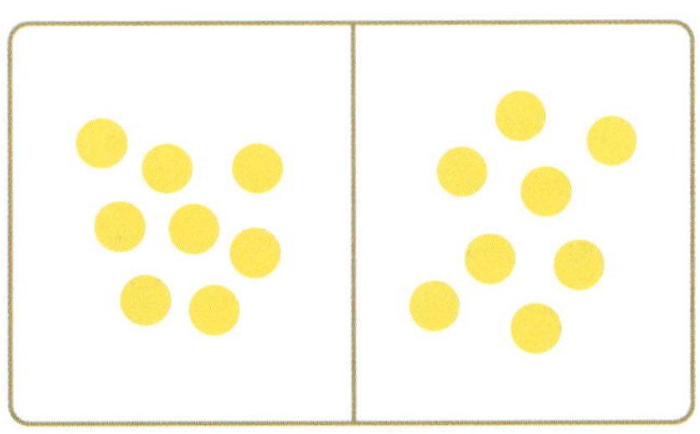

2 Setze >, < oder = ein.

8 > 6	7 ◯ 7	8 ◯ 9
2 ◯ 3	10 ◯ 2	5 ◯ 5
4 ◯ 7	3 ◯ 8	4 ◯ 2
1 ◯ 1	9 ◯ 6	0 ◯ 3
5 ◯ 4	1 ◯ 10	10 ◯ 6

1 Schreibe Vorgänger und Nachfolger.

2 Ergänze die fehlenden Zahlen.

3 Schreibe Vorgänger und Nachfolger.

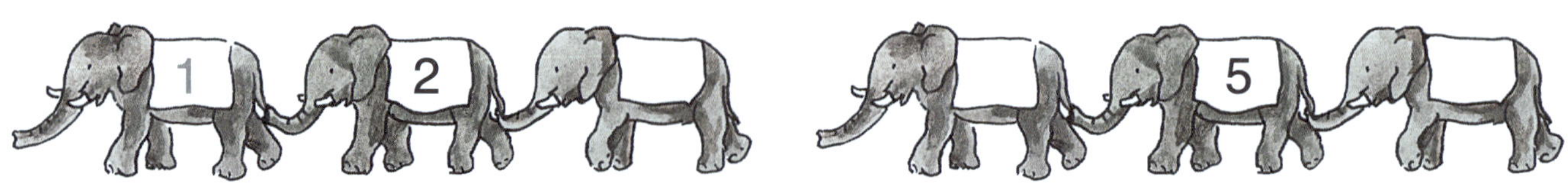

Vorgänger	Zahl	Nachfolger
1	2	

Vorgänger	Zahl	Nachfolger
	5	

1 Schreibe Vorgänger und Nachfolger.

Vorgänger	Zahl	Nachfolger
6	7	

Vorgänger	Zahl	Nachfolger
	6	

Vorgänger	Zahl	Nachfolger

Vorgänger	Zahl	Nachfolger

2 Schreibe Vorgänger und Nachfolger.

Vorgänger	Zahl	Nachfolger
2	3	4
	7	
	6	

Vorgänger	Zahl	Nachfolger
	4	
	2	
	8	

3 Ergänze die fehlenden Zahlen.

Vorgänger	Zahl	Nachfolger
7	8	9
		3
	6	

Vorgänger	Zahl	Nachfolger
	4	
		10
0		

1 Sprich und schreibe.

1.

2 Sprich und schreibe.

3 Schreibe und male an.

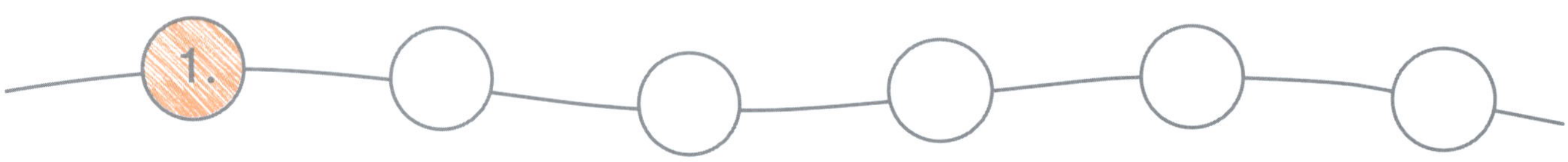

1. 2. 3., 5. 4., 6.

4 Ordne mit Zahlen.

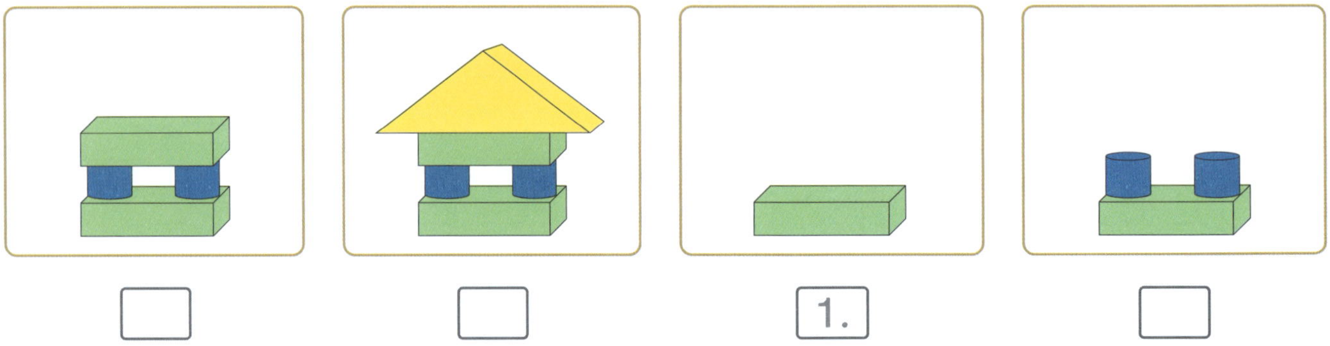

1.

1 Sprich und schreibe.

1.

2 Sprich und schreibe.

3 Schreibe und male an.

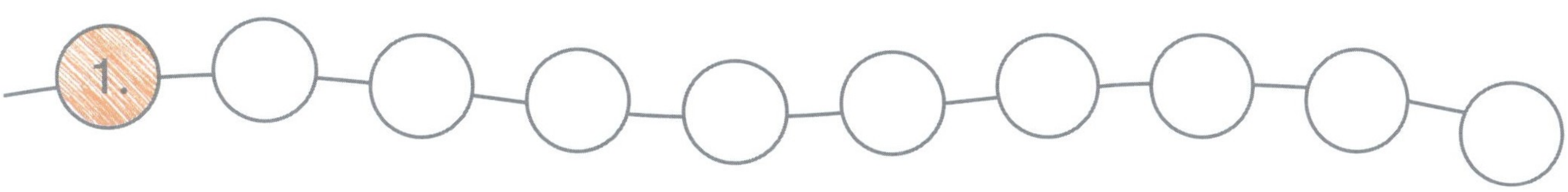

1., 4.　　5., 8., 10.　　2., 7.　　3., 6., 9.

4 Ordne mit Zahlen.

1 Verbinde die Zahlen in der richtigen Reihenfolge.

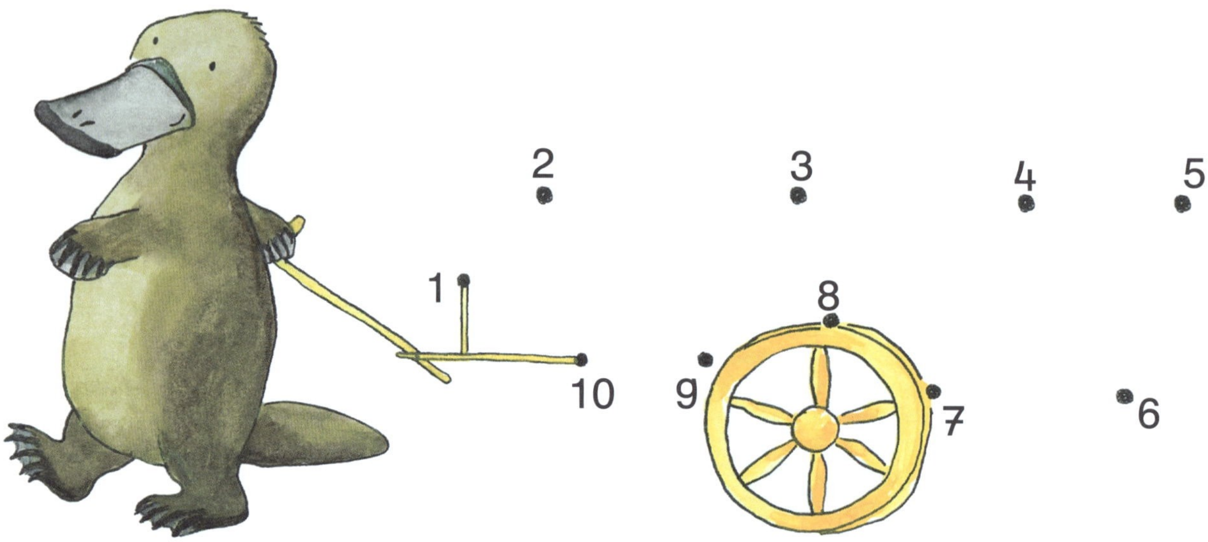

2 Verbinde die blauen, die schwarzen und die grünen Zahlen.

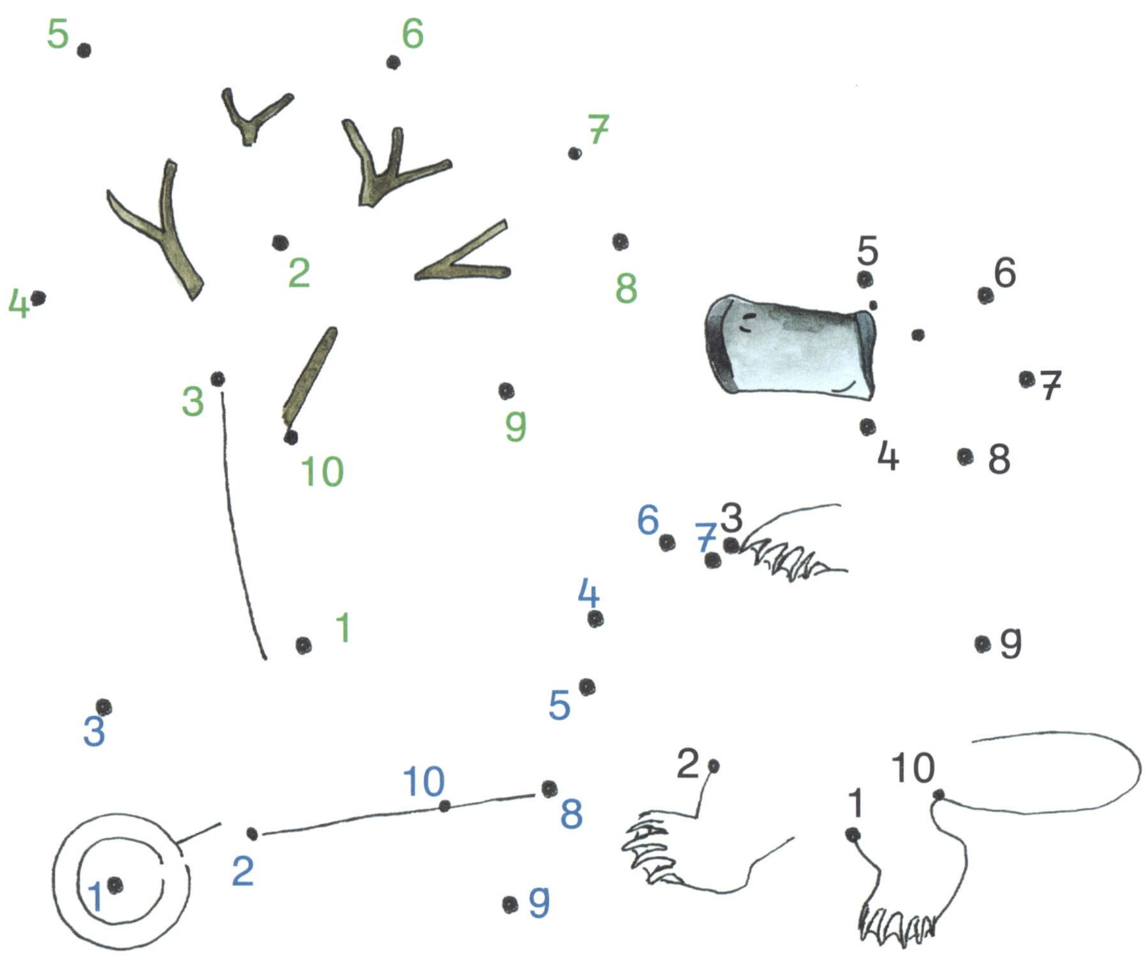

Thomas Laubis · Wiebke Meyer

Rechnen mit Rico Schnabel 1

Selbstständig Zahlen
und Mengen bis 10 kennenlernen

Name: ____

Klasse: ___________

Mildenberger

Inhaltsverzeichnis

Welche Zahlen kennst du? Male an.

1 2 3

0

5 4

7

6

8 9 10

1 Spure nach.

2 Schreibe.

1									

1														

1																				

1																				